Sammlung Göschen Band 917/917a

Versicherungsmathematik

Von

Dr. Friedrich Böhm

Professor an der Universität München

II

Lebensversicherungsmathematik
Einführung in die technischen Grundlagen der Sozialversicherung

Zweite, vermehrte und verbesserte Auflage

Walter de Gruyter & Co.

vormals G. J. Göschen'sche Verlagshandlung – J. Guttentag, Verlagsbuchhandlung – Georg Reimer – Karl J. Trübner – Veit & Comp.

Berlin 1953

Archiv-Nr 110917

Satz und Druck: VEB Leipziger Druckhaus, Leipzig (III/18/203)

Printed in Germany

G N. 7361/49 – 9891/49

Inhaltsverzeichnis.

I. Teil. Lebensversicherungsmathematik.

I. Kapitel: Die Verzinsung eines Kapitals und die Zeitrente.

II. Kapitel: Die Sterblichkeit und die Lebenserwartung.

III. Kapitel: Die Erlebensfallversicherung und die Leibrente.

IV. Kapitel: Die Todesfallversicherung.

II. Teil. Einführung in die technischen Grundlagen der Sozialversicherung.

III. Kapitel: Die Beitragsberechnung in der Sozialversicherung.

Anhang: Die wichtigsten Tabellen der Sozialversicherung.

Literaturverzeichnis.

Archiv für mathematische Wirtschafts- und Sozialforschung I–VIII. Leipzig 1935–1942.

Berger, A., Die Prinzipien der Lebensversicherungstechnik. Berlin 1923/25. 1. Teil: Die Versicherung der normalen Risiken; 2. Teil: Risikotheorie, Rückversicherung, Versicherung der nicht normalen Risiken, Invaliditätsversicherung.

– Mathematik der Lebensversicherung. Wien 1939.

Berichte des eidgenössischen Versicherungsamtes Bern.

Blätter für Versicherungsmathematik und verwandte Gebiete (Beilage zur Zeitschrift für die gesamte Versicherungswissenschaft) 1–6. Berlin 1928–1945.

– der Deutschen Gesellschaft für Versicherungsmathematik. Würzburg.

Bohlmann, G., Lebensversicherungsmathematik (Enzyklopädie der math. Wissenschaften: Deutsche Ausgabe. Bd. I, S. 852–917. Leipzig 1901; Französische Ausgabe: Tome 1, vol. 4, pag. 491–590. Leipzig 1911).

– Über Versicherungsmathematik in Klein u. Riecke: Über angewandte Mathematik und Physik in ihrer Bedeutung für den Unterricht an den höheren Schulen. Leipzig 1900.

Braun, H., Geschichte der Lebensversicherung und Lebensversicherungstechnik. Nürnberg 1925.

Broggi, H., Versicherungsmathematik. Deutsche Ausgabe. Leipzig 1911.

Czuber, E., Wahrscheinlichkeitsrechnung und ihre Anwendung auf Fehlerausgleichung, Statistik und Lebensversicherung. 3. Aufl., Leipzig 1914 bis 1921.

Ehrenzweigs Assekuranzjahrbuch Wien.

Guldberg, A., Sandsynlighets-Regningens och Forsikrings-Matematikens-Elementer. Kristiania 1922.

Hart, W. L., The Mathematics of investment. Madison Wisconsin 1944. E M 333.

Henry, A., Calculus and Probability for actuarial students. London 1922 (Layton).

Höckner, G., Änderung der Rechnungsgrundlagen usw. für die Lebensversicherungsgesellschaft zu Leipzig. Leipzig 1907.

Institute of actuaries, Textbook of the principles of interest, life annuities and assurances and their practical application. 2. Aufl. London 1901/02. Part. I: Interest by R. Todhunter. Part. II: Life contingencies by G. King.

Jahrbuch für Versicherungsmathematik. Herausgegeben von Rose und Katz. 1. Jahrgang 1914. Berlin 1914.

Jörgensen, N. R., Grundzüge einer Theorie der Lebensversicherung. Jena 1913.

Karup, J., Die Reform des Rechnungswesens der Gothaer Lebensversicherungsbank. Jena 1903.

Landré, C., Mathematisch-technische Kapitel zur Lebensversicherung. 5. Aufl. Jena 1921.

Levi, W., Mathematik der Lebens- und Rentenversicherung. Wien 1938.

Loewy, A., Versicherungsmathematik. 4. neubearbeitete und durch Hinzunahme der Invalidenversicherung erweiterte Auflage. Berlin 1924 Springer.

— Mathematik des Geld- und Zahlungsverkehrs. Berlin 1920.

Manes, A., Versicherungswesen. 4. Aufl. Leipzig und Berlin 1924. 1. Band: Allgemeine Versicherungslehre. 2. Band: Besondere Versicherungslehre.

— Versicherungslexikon. Zweite, völlig neubearbeitete Auflage. Berlin 1924.

Mitteilungen der Vereinigung schweizerischer Versicherungsmathematiker, Bern.

Neumanns Jahrbuch für das Versicherungswesen im Deutschen Reich.

Patzig, A., Lehrbuch der Versicherungsrechnung (mit Aufgabensammlung). Eßlingen 1925.

Schütze, H., Die mathematischen Grundlagen der Lebensversicherungsmathematik. Math.-phys. Bibl. Bd. 46. Teubner 1922.

Skandinavisk Aktuarietidskrift. Upsala 1921.

Spitzer, S., Tabellen für die Zinseszinsen- und Rentenrechnung. 7. Aufl. (Förster). Wien 1933.

Spurgeon, E. F., Life contingencies. London 1922. Layton.

Verhandlungen der internationalen Versicherungskongresse.

Veröffentlichungen des Aufsichtsamtes für Privatversicherung.

— des deutschen Vereins für Versicherungswissenschaft.

Versicherungswissenschaftliche Mitteilungen des österreichisch-ungarischen Verbandes der Privatversicherungsanstalten. Wien. Deutike.

— — des deutschen Vereins für Versicherungswesen in der Tschechosl. Republik. Heft 1—4. 1922/5. Prag (Calver).

Zeitschrift für die gesamte Versicherungswissenschaft. Herausgegeben von dem deutschen Verein für Versicherungswissenschaft. Berlin.

Zillmer, A., Die mathematischen Rechnungen bei Lebens- und Rentenversicherungen. 2. Aufl. Berlin 1887.

Zwinggi, E.: Versicherungsmathematik. Basel 1945.

Spezielle Werke über die technischen Grundlagen der Sozialversicherung.

Amtmann, H., und Pfaffenberger, E., Zur Mathematik der Pensionsversicherung. Jena 1907.

Bentzien, H., Sterbetafel für Pensionierte. Vereinsblatt für deutsches Versicherungswesen. 1892. S. 129.

Bentzien, H., Neuberechnete Tafeln zur Dienstunfähigkeits- und Sterbensstatistik des Vereins deutscher Eisenbahnverwaltungen, ebenda 1894, S. 5.

Dietrichkeit, O., Fundamentalzahlen für Invaliditätsversicherung (3½%). Elberfeld 1894.
Friede, G., und Löer, K., Sammlung statistischer Grundlagen zur Pensionsversicherung. Math. Tabellenverlag Weißenburg 1950.
Heinicke, B., Anwartschaftswerte in der Invalidenversicherung. Bl. für Versicherungsmathematik 2 (12) u. 3 (1) 1933.
Heubeck, G., und Fischer, K., Richttafeln für Pensionsversicherung. Ergänzung I hierzu Math. Tabellenverlag Weißenburg 1948/49.
Käding, W., Neue Rechnungsgrundlagen für Pensionsversicherung. Berlin 1935.
Küttner, W., Die Witwen- und Waisenversicherung. Berlin 1910.
Manes, A., Sozialversicherung (Sammlung Göschen Nr. 267). 5. Aufl. Berlin 1923.
Meißner, W., und Meewes, W., Rechnungsgrundlagen für Pensionsversicherung. Hauptwerk, Nachtrag I, Nachtrag II. Berlin 1936/38/39.
Meyer, H., Beiträge zur Pensionsversicherung. Jena 1903.
Schärtlin, G., Zur mathematischen Theorie der Invaliditätsversicherung. Bern 1907.
Schönwiese, R., Neue Grundlagen zur Waisenversicherung. Zeit- und Forschungsfragen der Versicherungswirtschaft, herausgegeben von R. Fischer u. G. Heubeck. Heft 1. Math. Tabellenverlag Weißenburg 1948.
Statistische Sonderhefte der Reichsversicherungsanstalt für Angestelltenversicherung Heft 1—8. Berlin 1935—1939.
Zimmermann, H., Beiträge zur Theorie der Dienstunfähigkeits- und Sterbensstatistik. Berlin (inst. II. Heft. 1887.)

Stenographische Berichte üb. d. Verhandlungen d. Reichstags:

Invalidenvers.: I. 7. Leg. Per., IV. Sess. 1888/89. 1. Anl. Bd. Nr. 10, II. 9. Leg. Per., IV. Sess. 1895/97. 6. Anl., Bd. Nr. 696. III. 10. Leg. Per., I. Sess. 1898/1900. 1. Anl., Bd. Nr. 93. IV. 12. Leg. Per., II. Sess. 1909 bis 11. Anlage Nr. 340 (RVO.). V. 13. Leg. Per., II. Sess. 1914/15. Anlage Nr. 144.
Angestelltenvers.: I. 12. Leg. Per., I. Sess. 1907/09. Anlage Nr. 226. II. 12. Leg. Per., I. Sess. 1907/09. Anlage Nr. 986.

Kranken- und Unfallversicherung:

Gürtler, M., Die Kalkulation der Versicherungsbetriebe, Berlin 1936.
Bertsche, L., Wagnis und „gerechte" Prämie in der privaten Krankenversicherung. Zeit- und Forschungsfragen der Versicherungswirtschaft, herausgegeben von R. Fischer und G. Heubeck, Heft 2. Math. Tabellenverlag Weißenburg 1948.

Erster Teil.

Lebensversicherungsmathematik.

I. Kapitel.

Die Verzinsung eines Kapitals und die Zeitrente.

§ 1. Die terminliche Verzinsung eines Kapitals.

A. Die Aufzinsung.

a) Der terminliche Aufzinsungsfaktor.

Wir teilen das Jahr in m gleiche Abschnitte von der Größe $\frac{1}{m}$ und nehmen an, daß das ganze Jahr hindurch gleichmäßig — also in allen seinen Teilen, wie groß sie auch seien — der Zinsfuß $100\,\dot{j}\%$ gilt.

Eine terminliche Verzinsung des Kapitals 1 kommt zustande, wenn zunächst am Ende des 1. Abschnitts der m-te Teil des zum Kapital 1 gehörenden nachschüssigen (nominellen) Jahreszinses $\dot{j}$, also $\frac{\dot{j}}{m}$ zu dem zu Beginn dieses Abschnittes vorhandenen Kapital 1 geschlagen wird und dieses Verfahren mit dem auf diese Weise vermehrten Kapital am Ende eines jeden weiteren Abschnitts entsprechend wiederholt wird.

Als terminlicher Aufzinsungsfaktor ergibt sich die Größe

$$\dot{\varrho} = 1 + \frac{\dot{j}}{m} \qquad \dot{j} = m(\dot{\varrho} - 1).$$

NB.: Im folgenden wird, wenn die Abhängigkeit einer Größe wie $\dot{\varrho}, \dot{j}$ von der Zahl der Abschnitte besonders hervorgehoben werden soll, m als Index beigefügt. Dasselbe geschieht, wenn dadurch diese Größe von ähnlich bezeichneten Größen unterschieden werden soll.

b) Die terminliche Aufzinsung eines Kapitals im Laufe eines Jahres.

Das zu Beginn dieses Jahres vorhandene Kapital 1 wächst durch terminliche Verzinsung im Laufe des Jahres auf den Betrag

$$\left(1+\frac{j}{m}\right)^m=\varrho^m$$

an.

Der äquivalente nachschüssige Jahreszins i, welcher — zum Kapital 1 am Schluß des Jahres geschlagen — denselben finanziellen Effekt erzielt als die terminliche nachschüssige Verzinsung, heißt der effektive nachschüssige Jahreszins, der zu dem nominellen nachschüssigen Jahreszins

$$j=m\cdot\frac{j}{m}$$

gehört.

Zwischen den Größen i und j bzw. r und ϱ besteht die Grundbeziehung

$$K_1=r=1+i=\left(1+\frac{j}{m}\right)^m=\varrho^m. \qquad (1_A)$$

Bei gegebenem m und j ist:

$$i_m=\left(1+\frac{j}{m}\right)^m-1$$

$$=j+\frac{j^2}{2!}\left(1-\frac{1}{m}\right)+\frac{j^3}{3!}\left(1-\frac{1}{m}\right)\left(1-\frac{2}{m}\right)+\cdots;$$

umgekehrt ist bei gegebenem m und i:

$$j_m=\left((1+i)^{\frac{1}{m}}-1\right)\cdot m$$

$$=i-\frac{i^2}{2!}\left(1-\frac{1}{m}\right)+\frac{i^3}{3!}\left(1-\frac{1}{m}\right)\left(2-\frac{1}{m}\right)+\cdots;$$

i_m nimmt bei wachsendem m zu, j_m ab. Für $m = 1$ ist $j_1 = i$ und $\varrho_1 = r$. (Vgl. V. M. I. Kap. I, § 2a, S. 8ff.)

c) Die terminliche Aufzinsung eines Kapitals im Laufe von k Abschnitten.

Ist k eine beliebige Anzahl von Abschnitten, so wächst das Kapital 1 in dieser Zeit auf ϱ^k an. Setzen wir $k = m \cdot \xi$, drücken also die betrachtete Zeit in Jahren aus, so ist allgemein

$$K_\xi = r^\xi = \varrho^{m \cdot \xi} = \varrho^k.$$

Die Variable ξ ist nicht stetig, sondern ändert sich jeweils um $\Delta_\xi = \frac{1}{m}$, während $\Delta k = 1$.

Für $k = m \cdot n$ (ξ eine ganze Zahl n von Jahren) wird

$$K_n = \varrho^{m \cdot n} = r^n.$$

(V. M. I. Kap. I, § 2a, S. 10.)

Die Zunahme von K_ξ ist $\Delta K_\xi = \frac{j_m}{m} \cdot K_\xi = (\varrho - 1) \cdot K_\xi$; es ist also die konstante relative Zunahme gegeben durch den Ausdruck:

$$\frac{\Delta K_\xi}{K_\xi \Delta_\xi} = j_m.$$

K_ξ genügt der folgenden homogenen linearen Differenzengleichung:

$$\frac{\Delta K_\xi}{\Delta_\xi} = j_m \cdot K_\xi,$$

welche der Rekursionsformel:

$$K_{\xi + \frac{1}{m}} = \varrho \cdot K_\xi$$

äquivalent ist.

Als Lösung ergibt sich $K_\xi = r^\xi = \varrho^{m \cdot \xi}$ mit der Anfangsbedingung $K_0 = 1$.

B. Die Abzinsung oder Diskontierung.

a) Der terminliche Abzinsungs- oder Diskontierungsfaktor.

Entsprechend der Definition des gewöhnlichen Diskontierungsfaktors $v = \frac{1}{r}$ als Barwert einer nach einem Jahr fälligen Zahlung 1 ergibt sich als terminlicher Diskontierungsfaktor $\varphi = \frac{1}{\varrho}$ als Barwert einer nach einem Abschnitt fälligen Zahlung 1.

b) Die terminliche Diskontierung eines Kapitals für die Dauer eines Jahres.

Gemäß der Grundbeziehung (1_A) ergibt sich die Grundbeziehung

$$B_1 = v = \frac{1}{r} = \left(\frac{1}{\varrho}\right)^m = \varphi^m; \qquad (1_B)$$

für $m = 1$ ist $\varphi = v$. (Vgl. V. M. I. Kap. I, § 2b, S. 10.) Den Relationen

$$i = r - 1 = (1 - v) : v$$

für den nachschüssigen Jahreszins und

$$d = iv = 1 - v = \frac{i}{r} = (r - 1) : r$$

für den entsprechenden vorschüssigen Jahreszins ordnen wir die folgenden Relationen zu:

$$j_m = m(\varrho - 1) = m(1 - \varphi) : \varphi$$

für den nominellen nachschüssigen Jahreszins und

$$d_m = j_m \cdot \varphi = m(1 - \varphi) = \frac{j}{\varrho} = m(\varrho - 1) : \varrho$$

für den entsprechenden nominellen vorschüssigen Jahreszins:

d_m ist also der dem effektiven vorschüssigen Jahreszins d äquivalente nominelle vorschüssige Jahreszins, welcher abschnittsweise in vorschüssigen Raten von der Größe $\frac{d_m}{m}$ bezahlt wird. Er entspricht genau der nominellen Jahreszinsleistung j_m, welche abschnittsweise in nachschüssigen Raten von der Größe $\frac{j_m}{m}$ bezahlt wird, die ihrerseits wieder äquivalent dem effektiven nachschüssigen Jahreszins i ist.

c) Die terminliche Diskontierung eines Kapitals für die Dauer von k Abschnitten.

Der Wert einer nach $k = m \cdot \xi$ Abschnitten fälligen Zahlung 1 ist gegeben durch:

$$B_\xi = v^\xi = \varphi^{m \cdot \xi} = \varphi^k;$$

für $k = m \cdot n (\xi = n)$ ist $B_n = v^n = \varphi^{mn}$. (Vgl. V. M. I. Kap. I., § 2b, S. 10.)

Wächst die Zahl k der Abschnitte um 1, so nimmt B_ξ ab um

$$\Delta B_\xi = -\frac{d_m}{m} B_\xi.$$

Die konstante relative Abnahme ist

$$\frac{\Delta B_\xi}{B_\xi \Delta_\xi} = -d_m;$$

B_ξ genügt also der folgenden linearen homogenen Differenzengleichung:

$$\frac{\Delta B_\xi}{\Delta_\xi} = -d_m \cdot B_\xi,$$

welche äquivalent ist der Rekursionsformel:

$$B_{\xi + \frac{1}{m}} = \varphi \cdot B_\xi.$$

Als Lösung ergibt sich $B_\xi = v^\xi = \varphi^{m \cdot \xi}$ mit der Anfangsbedingung:

$$B_0 = 1.$$

§ 2. Die kontinuierliche Verzinsung eines Kapitals.

A. Die Aufzinsung.

a) Die kontinuierliche Aufzinsung eines Kapitals im Laufe eines Jahres.

Die rechte Seite der Grundbeziehung (1_A) strebt bei festem j mit zunehmendem m (von unten) dem Grenzwert e^j zu (e ist die Basis des natürlichen Logarithmensystems).

Für die kontinuierliche Verzinsung eines Kapitals besteht die Grundbeziehung:

$$K_1 = r = 1 + i = \lim\left(1 + \frac{j}{m}\right)^m = e^j. \qquad (2_A)$$

Bei gegebenem j ist:

$$i_\infty = j + \frac{j^2}{2!} + \frac{j^3}{3!} + \cdots = e^j - 1;$$

umgekehrt ist bei gegebenem i:

$$j_\infty = \lim\left((1+i)^{\frac{1}{m}} - 1\right) m = \ln(1+i) = i - \frac{i^2}{2} + \frac{i^3}{3} \mp \cdots,$$

d. h. der nominelle Jahreszins j_m strebt in Übereinstimmung mit (2_A) von oben der Grenze $\ln r$ zu; diesen Grenzwert wollen wir — wie allgemein üblich — mit δ bezeichnen:

$$K_1 = r = 1 + i = e^\delta; \quad i = e^\delta - 1; \quad \delta = \ln(1+i) = \ln r.$$

Dieser nominelle Jahreszins δ ist bei einer Unterteilung des Jahres in lauter gleiche unendlich kleine Abschnitte und entsprechender terminlicher, d. h. kontinuierlicher Verzinsung des Kapitals zugrunde zu legen, damit der

Effekt genau dem gegebenen nachschüssigen Jahreszins i entspricht. Dem gleichen Grenzwert δ strebt von unten auch d_m zu; in der Grenze verschwindet selbstverständlich der Unterschied zwischen vorschüssiger und nachschüssiger Zahlungsweise; δ ist damit auch dem effektiven vorschüssigen Jahreszins d äquivalent. Nominell wird an Zins im Laufe des Jahres $\int_0^1 \delta\, dt = \delta$ geleistet.

b) Die kontinuierliche Verzinsung eines Kapitals im Laufe von t Jahren.

Geht $k = m \cdot \xi$ mit m in der Weise gegen ∞, daß ξ, welches nun als stetig veränderlich angenommen werden kann, einen bestimmten Wert t annimmt — dies ist von einem bestimmten Wert m an jederzeit möglich —, so wird in der Grenze

$$K_\xi = K(t) = r^t = e^{\delta t}.$$

Die kontinuierliche Verzinsung eines Kapitals geschieht in der folgenden Weise: in jedem Moment wird zu dem jeweiligen Kapital der diesem Moment entsprechende unendlich kleine Zins dieses Kapitals geschlagen und das Ganze in der gleichen Weise von Moment zu Moment weiter verzinst.

Es gilt also die Rekursionsformel

$$K(t + dt) = K(t) \cdot r^{dt} = K(t) e^{\delta\, dt},$$

d. h.

$$dK(t) = \delta \cdot K(t) dt \quad \text{oder} \quad \frac{dK(t)}{K(t) dt} = \delta$$

Das Anwachsen eines Kapitals infolge kontinuierlicher Verzinsung erfolgt mit der konstanten Intensität δ; man nennt deshalb δ auch die Zinsintensität; $K(t)$ ist eine mit konstanter Intensität zunehmende Funktion der Zeit. Die Lösung $K(t) = e^{\delta t}$ der homogenen linearen Differentialgleichung

$$\frac{dK(t)}{dt} = \delta \cdot K(t)$$

erfüllt die Anfangsbedingung $K(0) = 1$.

Dieselbe Differentialgleichung erhält man auch durch Grenzübergang aus der entsprechenden Differenzengleichung (in § 1, Ac).

B. Die Abzinsung oder Diskontierung.

Aus der Grundbeziehung (2_A) ergibt sich die Grundbeziehung:

$$v = e^{-\delta} \quad \text{oder} \quad \delta = -\ln v, \tag{2_B}$$

d. h. $B_1 = v = e^{-\delta}$ ist der Barwert einer nach einem Jahr fälligen Zahlung 1 und $B(t) = v^t = e^{-\delta t}$ der Barwert einer nach t Jahren fälligen Zahlung 1.

$B(t)$ genügt der homogenen linearen Differentialgleichung:

$$\frac{dB(t)}{dt} = -\delta \cdot B(t)$$

mit der Anfangsbedingung $B(0) = 1$; $B(t) = e^{-\delta t}$ ist eine mit konstanter Intensität abnehmende Funktion der Zeit.

Die Rekursionsformel $B(t + dt) = B(t) \cdot e^{-\delta dt}$ führt zu derselben Lösung.

Tabellen zur terminlichen und kontinuierlichen Verzinsung.

Tabelle a gibt die Werte $100\, i_m = 100 \left(\left(1 + \frac{j}{m}\right)^m - 1\right)$ bei gegebenem $100\, j$ und m bzw. $100\, i_\infty = 100(e^\delta - 1)$, also den entsprechenden effektiven nachschüssigen Zinsfuß.

Tabelle a.

Zahlungsweise m	3%	3,5%	4%	4,5%	5%	nom. n.
jährlich. 1	3,00000	3,50000	4,00000	4,50000	5,00000	eff. n.
halbjährlich. . . 2	3,02250	3,53063	4,04000	4,55063	5,06250	eff. n.
vierteljährlich . . 4	3,03392	3,54621	4,06040	4,57651	5,09453	eff. n.
monatlich. . . . 12	3,04160	3,55670	4,07415	4,59407	5,11619	eff. n.
kontinuierlich . . ∞	3,04545	3,56197	4,08108	4,60279	5,12711	effekt.

Für die Praxis, welche meist von dem effektiven Zinsfuß ausgeht, und für gewisse später zu besprechende Näherungsmethoden ist die

Tabelle b, welche die Werte $100\, j_m = 100((1+i)^{\frac{1}{m}} - 1) \cdot m$ bei gegebenem $100\, i$ und m bzw. $100\, \delta = 100 \ln(1+i)$, also den entsprechenden nominellen nachschüssigen Zinsfuß gibt, noch wichtiger.

Tabelle b.

Zahlungsweise m	3%	3,5%	4%	4,5%	5%	eff. n.
jährlich. 1	3,00000	3,50000	4,00000	4,50000	5,00000	nom. n.
halbjährlich. . . 2	2,97783	3,46990	3,96078	4,45048	4,93902	nom. n.
vierteljährlich . . 4	2,96683	3,45498	3,94136	4,42600	4,90889	nom. n.
monatlich . . . 12	2,95952	3,44508	3,92849	4,40977	4,88895	nom. n.
kontinuierlich . . ∞	2,95588	3,44014	3,92207	4,40169	4,87902	nomin.

Tabelle c gibt schließlich die Werte $100\, d_m = 100\, j_m \cdot \varphi_m$ bei gegebenem $100\, i$ und m bzw. $100\, \delta = 100 \ln(1+i)$, also den entsprechenden vorschüssigen nominellen Zinsfuß.

Tabelle c.

Zahlungsweise m	3%	3,5%	4%	4,5%	5%	eff. n.
jährlich. 1	2,91262	3,38164	3,84615	4,30622	4,76190	nom. v.
halbjährlich. . . 2	2,93414	3,41073	3,88387	4,35361	4,81999	nom. v.
vierteljährlich . . 4	2,94499	3,42539	3,90291	4,37756	4,84938	nom. v.
monatlich. . . . 12	2,95224	3,43522	3,91567	4,39361	4,86911	nom. v.
kontinuilich . . ∞	2,95588	3,44014	3,92207	4,40169	4,87902	nomin.

NB.: v. heißt vorschüssige, n. nachschüssige Zinszahlung

Vgl. zu diesen Werten: Czuber II. S. 238, 241 — Textbook II, p. 168 Pexider, Z. f. d. g. Versicherungswissenschaft VII, S. 298 — Hart, W. L., The Mathematics of investment Tab. XI, p. 76 Madison Wisconsin 1944, EM. 333.

§ 3. Die terminliche Zahlung und Verzinsung von Zeitrenten.

Eine terminliche Zeitrente vom Jahresbetrag 1 entsteht, wenn am Anfang bzw. am Ende eines jeden Abschnitts immer die gleiche Zahlung $\frac{1}{m}$ geleistet wird Wir wollen im folgenden nur die Diskontierung solcher Zeitrenten betrachten; die Aufzinsung kann nach denselben Grundsätzen entwickelt werden, zumal sie mit der Abzinsung in einfachster Weise verbunden ist.

(Vgl. V. M. I. Kap. I, § 3, S. 16, Anmerk.)

NB.: Wir verwenden für vorschüssige Zahlungsweise das Zeichen a und für nachschüssige Zahlungsweise das Zeichen *a*.

a) Die Zahlungen erfolgen nachschüssig.

Hören die Zahlungen nach $k = m \cdot \xi$ Abschnitten auf, so ist ihr gesamter Barwert:

$$a_{\overline{\xi|}}^{(m)} = \frac{1}{m} \sum_{\nu=1}^{k} \varphi^{\nu} = \frac{1}{m} \sum_{\nu=1}^{k} v^{\frac{\nu}{m}} = \frac{1 - v^{\xi}}{\dot{\jmath}_m} = \frac{1 - \varphi^k}{\dot{\jmath}_m}. \tag{3}$$

Für $\xi = 1$ ist

$$a_{\overline{1|}}^{(m)} = \frac{1 - v}{\dot{\jmath}_m} = \frac{i\,v}{\dot{\jmath}_m} = \frac{d}{\dot{\jmath}_m};$$

$$\text{für} \quad \begin{Bmatrix} m = 1 \\ \xi = n \end{Bmatrix} \quad \text{wird} \quad a_{\overline{n|}} = \frac{1 - v^n}{i}; \quad a_{\overline{1|}} = v.$$

(V. M. I. Kap. I, § 3b, S. 14.)

b) Die Zahlungen erfolgen vorschüssig.

Der Barwert von k solchen Zahlungen ist:

$$\text{a}_{\overline{\xi|}}^{(m)} = \frac{1}{m} \sum_{\nu=0}^{k-1} \varphi^{\nu} = \frac{1}{m} \sum_{\nu=0}^{k-1} v^{\frac{\nu}{m}}$$
$$= \varrho \cdot a_{\overline{\xi|}}^{(m)} = \frac{1 - v^{\xi}}{\dot{\jmath}_m \cdot \varphi} = \frac{1 - \varphi^k}{d_m}. \tag{3'}$$

Für $\xi = 1$ ist $\mathfrak{a}_{\overline{1}|}^{(m)} = \frac{d}{d_m}$;

$$\text{für } \begin{Bmatrix} m = 1 \\ \xi = n \end{Bmatrix} \text{ wird } \mathfrak{a}_{\overline{n}|} = \frac{1 - v^n}{d}; \quad \mathfrak{a}_{\overline{1}|} = 1.$$

(V. M. I. Kap. I, § 3d, S. 15.)

c) Der Zusammenhang zwischen dem Barwert eines Kapitals und dem Barwert einer Rente.

Die Identität

$$B_\xi = v^\xi = 1 - \dot{\jmath}_m \cdot a_{\overline{\xi}|}^{(m)} = 1 - d_m \cdot \mathfrak{a}_{\overline{\xi}|}^{(m)}$$

besagt folgendes:

es besteht vom Standpunkt der Diskontierung aus kein Unterschied, ob der Schuldner seine nach k Abschnitten fällige Schuld 1 durch eine Barzahlung in der Höhe B_ξ ablöst oder ob er diese Schuld in voller Höhe sofort unter der Bedingung begleicht, daß ihm der Gläubiger diese Zahlung 1 als Darlehen k Abschnitte lang terminlich verzinst:

entweder in nachschüssigen Zinsraten der Höhe $\frac{\dot{\jmath}_m}{m}$,

oder in vorschüssigen Zinsraten der Höhe $\frac{d_m}{m}$.

d) Die inhomogene lineare Differenzengleichung für den Rentenbarwert.

Auf Grund der Beziehung $a_{\overline{\xi}|}^{(m)} = \frac{1 - B_\xi}{\dot{\jmath}_m}$ erhält man aus der Differenzengleichung für B_ξ die gesuchte Differenzengleichung für $a_{\overline{\xi}|}^{(m)}$:

$$\frac{\Delta \overset{(m)}{a}_{\overline{\xi}|}}{\Delta_\xi} = -\frac{\Delta B_\xi}{\dot{\jmath}_m \Delta_\xi} = \varphi \cdot B_\xi = \varphi - d_m \overset{(m)}{a}_\xi,$$

also

$$\frac{\Delta \overset{(m)}{a}_{\overline{\xi}|}}{\Delta_\xi} + d_m \cdot \overset{(m)}{a}_{\overline{\ }|} = \varphi.$$

Auf ähnliche Weise erhält man aus $\overset{(m)}{a}_{\overline{\xi}|} = \frac{1 - B_\xi}{d_m}$ oder mit Hilfe der Relation $\overset{(m)}{a}_{\overline{\xi}} = \frac{\overset{(m)}{a}_{\overline{\xi}|}}{\varphi}$ die folgende Differenzengleichung:

für $a^{(m)}_{\overline{\xi}|}$: $\frac{\Delta \overset{(m)}{a}_{\overline{\xi}}}{\Delta_\xi} = B_\xi$, d. h. $\frac{\Delta \overset{(m)}{a}_{\overline{\xi}}}{\Delta_\xi} + d_m \cdot \overset{(m)}{a}_{\overline{\xi}} = 1$.

§ 4. Die kontinuierliche Zahlung und Verzinsung von Zeitrenten.

Durch den Grenzübergang mit $k = mt$ gehen die beiden Gleichungen (3) und (3′) über in die Gleichung:

$$\bar{a}_{\overline{t}|} = \int_0^t v^\tau \, d\tau = \int_0^t e^{-\delta\tau} \cdot d\tau = \frac{1 - v^t}{\delta} = \frac{1 - e^{-\delta t}}{\delta}, \quad (4)$$

d. h. in jedem Moment wird die gleiche Zahlung $d\tau$ geleistet; diese Zahlung wird auf den Beginn der Rente diskontiert und der Barwert dieser Zahlung wird über die in Aussicht genommene Dauer t der Rente integriert.

Die Identität $v^t = 1 - \delta \cdot \bar{a}_{\overline{t}|}$ besagt:

eine nach t Jahren fällige Schuld 1 kann entweder sofort durch eine Barzahlung v^t abgelöst werden oder es wird die von dem Schuldner sofort in voller Höhe geleistete Schuld 1 als Darlehen behandelt und ist demgemäß von dem Gläubiger auf die vorgesehene Dauer von t Jahren kontinuierlich mit der Zinsintensität δ zu verzinsen.

Die inhomogene lineare Differentialgleichung für $\bar{a}_{\overline{t}|}$:

$$\frac{d\bar{a}_{\overline{t}|}}{dt} + \delta \cdot \bar{a}_{\overline{t}|} = 1$$

ergibt sich entweder direkt aus der Beziehung $d\bar{a}_{\overline{t}|} = v^t \cdot dt$, d. h. die Zunahme des Barwertes $\bar{a}_{\overline{t}|}$ der Rente bei Verlängerung der Dauer des Rentenbezuges um (den Moment)

dt besteht in dem Barwert $v^t dt$ der in diesem Moment neu hinzukommenden Zahlung dt

oder durch Grenzübergang aus einer der beiden Differenzengleichungen in § 3d

$$\text{für } a^{(m)}_{\overline{\xi|}} \quad \text{bzw.} \quad \text{für } \mathfrak{a}^{(m)}_{\overline{\xi|}}$$

Wie $a^{(m)}_{\overline{\xi|}}$ und $\mathfrak{a}^{(m)}_{\overline{\xi|}}$ ist auch $\bar{\mathfrak{a}}_{\overline{t|}}$ eine mit der Dauer der Rente (immer weniger) zunehmende Funktion:

$$\frac{d\bar{\mathfrak{a}}_{\overline{t|}}}{dt} \doteq B_t > 0.$$

§ 5. Die terminlich sich verändernde Zeitrente.

Wir behandeln in der Folge nur den Fall, daß der Grundbetrag a einer Rente in jedem folgenden Zahlungstermin um dieselbe Größe b (den terminlichen Steigerungsbetrag der Rente) zunimmt.

Zunächst betrachten wir den Spezialfall einer nachschüssigen Grundrente $a = 1$ mit $k - 1$ terminlichen Steigerungen $b = 1$, auf den sich der allgemeine Fall zurückführen läßt.

Der Barwert dieser terminlich steigenden nachschüssigen Rente ist

$$\begin{aligned} \overset{<}{a}{}^{(m)}_{\overline{\xi|}} &= \sum_{\nu=1}^{k} \nu \cdot \varphi^{\nu} = \sum_{\nu=1}^{k} \sum_{\nu'=1}^{k-\nu+1} \varphi^{\nu+\nu'-1} \\ &= \sum_{\nu-1}^{k} \varphi^{\nu-1} \sum_{\nu'=1}^{k-\nu+1} \varphi^{\nu'} = m \sum_{\nu=1}^{k} \varphi^{\nu-1} \cdot a^{(m)}_{\overline{\xi-\frac{\nu-1}{m}|}} \; ; \end{aligned} \qquad (5)$$

er wird also einerseits durch eine Doppelsumme von terminlichen Diskontierungsfaktoren dargestellt, anderseits ergibt er sich aus dem Umstand, daß in jedem weiteren Zahlungstermin zu der bereits bestehenden Rente eine neue Rente mit demselben Betrag 1 und demselben Endtermin hinzukommt.

Die Berechnung ergibt unter Berücksichtigung der Identität $m(1-\varphi) = j_m \cdot \varphi = d_m$ den Wert:

$$\overset{<}{a}{}^{(m)}_{\overline{\xi}|}(1;1) = \frac{1 - v^{\xi}(1 + d_m \cdot \xi)}{j_m \cdot d_m} \cdot m^2.$$

Der Wert der allgemeinen terminlich steigenden Rente ist

$$\overset{<}{a}{}^{(m)}_{\overline{\xi}|}(a;b) = a\,\frac{1 - v^{\xi}}{j_m} \cdot m + b\,\frac{1 - v^{\xi}(1 + j_m \cdot \xi)}{j_m^2} \cdot m^2;$$

aus ihm können alle besonderen Fälle abgeleitet werden.

Besondere Bedeutung für den Grenzübergang zu der kontinuierlich steigenden Rente hat der Fall: $a = \frac{1}{m}$, $b = \frac{1}{m^2}$:

$$\overset{<}{a}{}^{(m)}_{\overline{\xi}|}\left(\frac{1}{m};\,\frac{1}{m^2}\right) = \frac{1 + j_m - v^{\xi}(1 + j_m + j_m \cdot \xi)}{j_m^2}.\,^{*)}$$

Für $m = 1$ und $\xi = n$ ergibt sich der Barwert einer jährlich um denselben Betrag steigenden Zeitrente:

$$\overset{<}{a}_{\overline{n}|}(a;b) = a\,\frac{1 - v^n}{i} + b \cdot \frac{1 - v^n(1 + n\,i)}{i^2};$$

für $a = 1, b = 1$ demnach

$$\overset{<}{a}_{\overline{n}|}(1;1) = \frac{1 + i - v^n(1 + i + n\,i)}{i^2}.$$

Bei **vorschüssiger** terminlicher Zahlung der Rente sind alle Barwerte durch φ zu dividieren.

---

*) Dieser Barwert ist insofern von m unabhängig, als m in ihm nicht explizit vorkommt (vgl. die entsprechenden Entwicklungen in § 61).

§ 6. Die kontinuierlich sich verändernde Zeitrente.

Wie in § 5 betrachten wir auch hier nur den Fall einer mit der Zeit gleichmäßig ansteigenden Rente. Wir behandeln zunächst den Fall, daß die Rente vom Grundbetrag $\alpha = 0$ stetig ansteigt, bis sie nach t Jahren die Höhe t erreicht; im Laufe eines Jahres steigt sie also um $\beta = 1$.

Die verschiedenen Formen für den Barwert dieser Rente

$$\overset{<}{\bar{a}}_{\overline{t}|}(0;1) = \int_0^t \tau e^{-\delta\tau} d\tau$$

$$= \int_0^t \int_0^{t-\tau} e^{-\delta(\tau+\tau')} d\tau' \, d\tau = \int_0^t e^{-\delta\tau} \bar{a}_{\overline{t-\tau}|} \, d\tau \tag{6}$$

führen alle zu dem gleichen Ergebnis:

$$\overset{<}{\bar{a}}_{\overline{t}|}(0;1) = \frac{1-(1+\delta t)e^{-\delta t}}{\delta^2}$$

Der Barwert der allgemeinen stetig steigenden Rente mit dem Jahresgrundbetrag α und einer im Laufe je eines Jahres vor sich gehenden Steigerung β ist

$$\overset{<}{\bar{a}}_{\overline{t}|}(\alpha;\beta) = \int_0^t (\alpha + \beta\tau) e^{-\delta\tau} d\tau$$

$$= \alpha \frac{1-e^{-\delta t}}{\delta} + \beta \frac{1-(1+\delta t)e^{-\delta t}}{\delta^2}.$$

Für $\alpha = \beta = 1$ ist

$$\overset{<}{\bar{a}}_{\overline{t}|}(1;1) = \frac{(1+\delta) - e^{-\delta t}(1+\delta+\delta t)}{\delta^2} = \int_0^t (1+\tau) e^{-\delta\tau} d\tau.$$

Diesen Ausdruck erhalten wir auch durch den einzigen Grenzübergang, der zu einem endlichen Grenzwert führt, nämlich aus

$$\overset{<}{a}_{\overline{\xi}|}\left(\frac{1}{m};\frac{1}{m^2}\right)=\frac{1+j_m-v^\xi(1+j_m+j_m\cdot\xi)}{j_m^2}$$

für $m\to\infty$ und $\xi=t$.

II. Kapitel.

Die Sterblichkeit und die Lebenserwartung.

§ 1. Die Zahl der Lebenden.

a) Die gewöhnliche Absterbeordnung.

Im allgemeinen wird die Zahl $l_{a+\nu}$ der Lebenden, welche aus einer gegebenen Grundmasse l_a von Lebenden, die eben das Alter a vollendet haben, nach einer Anzahl ν von Jahren noch vorhanden sind, nur für ganzzahlige Werte von ν ermittelt:

$$\nu=0,1,\ldots,\omega-a-1.$$

Die Reihe

$$l_a, l_{a+1}, l_{a+2}, \ldots, l_{\omega-1}$$

heißt die Überlebendentafel oder die Absterbeordnung; die Festsetzung $l_\omega=0$ bedeutet, daß das Alter ω von keinem der in Betracht kommenden Lebenden erreicht wird.

b) Die terminliche Absterbeordnung.

Eine terminliche Absterbeordnung liegt vor, wenn die Ermittlung der Lebenden jeweils am Ende der aufeinanderfolgenden Abschnitte erfolgt:

$$l_{a+\frac{k}{m}}=l_{a+\xi};\quad k=0,1,\ldots,m(\omega-a)-1.$$

Nachdem aber in der Regel eine solche terminliche Absterbeordnung nicht aufgestellt wird, ist man in der Praxis auf Näherungsmethoden angewiesen, von denen besonders die Annahme eines linearen Abfalls der Zahl der Lebenden innerhalb je eines Jahres Anwendung gefunden hat.

Man setzt also

$$l_{x+\frac{\lambda}{m}} \approx l_x - \frac{\lambda}{m}(l_x - l_{x+1}) = \frac{(m-\lambda)\, l_x + \lambda \cdot l_{x+1}}{m};$$

$$\lambda = 0, 1, 2 \ldots m - 1, (m).$$

c) Die kontinuierliche Absterbeordnung.

Machen wir wie in Kapitel I den Grenzübergang $m \to \infty$ in der Weise, daß $k = m \cdot t (\xi = t)$, so entsteht aus der terminlichen Absterbeordnung $l_{x+\frac{k}{m}}$ eine stetige Absterbeordnung $l(x+t)$, welche die Zahl der Lebenden angibt, die von $l(x)$ Personen des eben vollendeten Alters x nach t Jahren noch am Leben sind. Eigentlich ist die Funktion $l(x+t)$ nicht stetig, sondern nimmt an einer endlichen Zahl von Stellen immer um 1 ab; auf alle Fälle existiert aber das Integral über diese Funktion (siehe § 3 dieses Kapitels). Aus Zweckmäßigkeitsgründen setzen wir die Funktion und ihre beiden ersten Ableitungen als stetig voraus. Für ein bestimmtes Alter ist die Zahl der Lebenden so klein, daß sie praktisch gleich 0 gesetzt werden kann, obwohl sie diesen Wert erst für $t = \infty$ erreicht.

§ 2. Die Zahl der Sterbefälle.

a) Bei jährlichem Ausscheiden.

Die Zahl der Personen mit vollendetem Alter $x + n$, welche das Alter $x + n + 1$ nicht mehr erleben, ist gegeben durch die Differenzenreihe

$$d_{x+n} = l_{x+n} - l_{x+n+1} = -\Delta l_{x+n};$$
$$n = 0, 1, \ldots, \omega - x - 1; \quad \Delta x = 1.$$

Die Reihe endet mit $d_{\omega-1} = l_{\omega-1}$; d_ω hat keinen Sinn.

Bezieht man die Zahl der Toten d_{x+n} auf die Zahl l_{x+n} der Lebenden, aus denen sie hervorgehen, so erhält man die Reihe

$$_1q_{x+n} = \frac{d_{x+n}}{l_{x+n}}$$

der einjährigen Sterbenswahrscheinlichkeiten.

Die Reihe endet mit $_1q_{\omega-1} = 1$; $_1q_\omega$ hat keinen Sinn. Die Ergänzungsreihe:

$$_1p_{x+n} = \frac{l_{x+n+1}}{l_{x+n}} = 1 - {_1q_{x+n}}$$

der einjährigen Erlebenswahrscheinlichkeiten endet mit $_1p_{\omega-1} = 0$; $_1p_\omega$ hat ebenfalls keinen Sinn.

Die Zahl der Sterbefälle im Laufe der nächsten n Jahre ist gegeben durch

$$\sum_{\nu=0}^{n-1} d_{x+\nu} = l_x - l_{x+n};$$

für $n = \omega - x$ ergibt sich

$$\sum_{\nu=0}^{\omega-x-1} d_{x+\nu} = \sum d_x = l_x.$$

NB.: Wir schreiben — wie üblich — eine Summe von Größen, welche sich vom Eintrittsalter x bis an das Ende der Sterbetafel erstreckt, ohne weitere Angabe des Summationsindexes ν.

2. Die Frequenzen sind nur wenig voneinander verschieden (Schwebungen):

$$x = a \sin \omega t, \qquad x_1 = a_1 \sin \omega_1 t.$$

Hierbei soll $\omega_1 - \omega = \Delta\omega$ klein gegenüber ω sein. Mit $\omega_1 = \omega + \Delta\omega$ wird

$$x + x_1 = \sin \omega t (a_1 \cos \Delta\omega t + a) + \cos \omega t\, a_1 \sin \Delta\omega t,$$

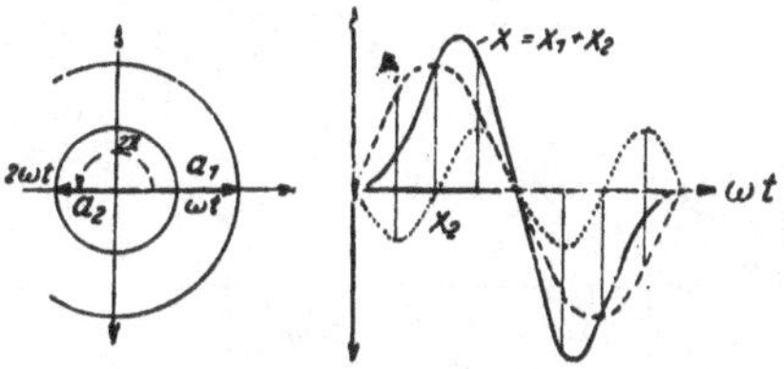

Abb. 21

wofür man auch schreiben kann:

$$x + x_1 = A \sin \omega t + B \cos \omega t$$

oder

$$x + x_1 = C \sin(\omega t + \gamma).$$

Darin ist

$$C = \sqrt{A^2 + B^2}$$

oder

$$C = \sqrt{a_1^2 + a^2 + 2 a a_1 \cos \Delta\omega t}.$$

Für $\cos \Delta\omega t = 1$ erhalten wir:

$$C = \pm(a_1 + a)$$

und für $\cos \Delta\omega t = -1$:

$$C = \pm(a_1 - a).$$

Die Amplitude der Interferenzschwingung schwankt also zwischen den Werten $a_1 + a$ und $a_1 - a$.

Zwischen zwei Extremwerten liegt die Periode 2π. Bezeichnet man die zugehörige Zeit mit T_s, Schwebungsdauer, so erhält man:

$$T_s = \frac{2\pi}{\Delta\omega} = \frac{2\pi}{\omega_1 - \omega},$$

oder, da

$$\frac{2\pi}{\omega_1} = T_1 \quad \text{und} \quad \frac{2\pi}{\omega_2} = T_2$$

ist,

$$T_s = \frac{T_1 T}{T - T_1} \tag{238}$$

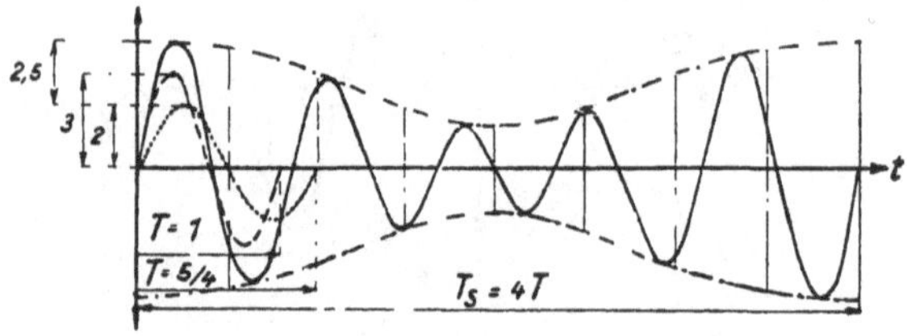

Abb. 22

oder nach Einführen der Frequenzen $f = \frac{1}{T}$:

$$\frac{1}{f_s} = \frac{\frac{1}{f_1}\,\frac{1}{f}}{\frac{1}{f} - \frac{1}{f_1}} = \frac{1}{f_1 - f}$$

und damit:

$$f_s = f_1 - f, \tag{239}$$

d. h. die Schwebungsfrequenz ist gleich der Differenz der beiden Frequenzen.

In Abb. 22 ist ein Beispiel gezeigt für ein Amplitudenverhältnis 2 : 3 und Frequenzverhältnis 4 : 5. Mit diesem wird:

$$T_s = 4\,T.$$

24 Harmonische Analyse

In Umkehrung der im vorigen Abschnitt behandelten Addition von Sinusschwingungen (Synthese) mit ganz-

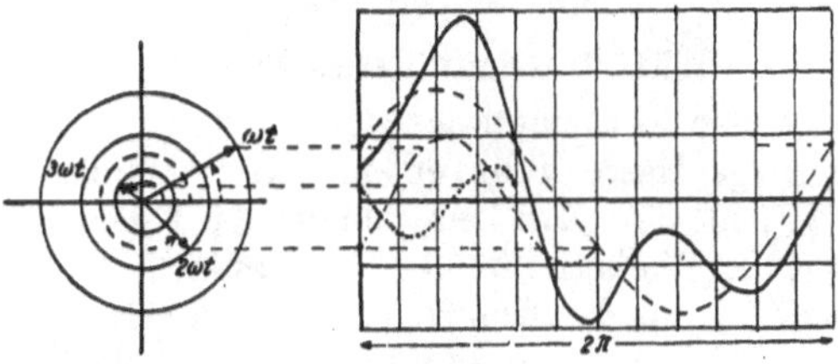

Abb. 23

zahligen Frequenzen kann jeder periodische Vorgang nach Fourier durch folgende Reihe dargestellt werden:

$$f(x) = a_0 + a_1 \sin \omega t + a_2 \sin 2\omega t + a_3 \sin 3\omega t + \cdots$$
$$+ b_1 \cos \omega t + b_2 \cos 2\omega t + b_3 \cos 3\omega t + \cdots$$

oder durch:

$$f(x) = a_0 + c_1 \sin(\omega t + \varphi_1) + c_2 \sin(\omega t + \varphi_2) \ldots$$

Die Bestimmung der Koeffizienten ist in 5.2 gezeigt.

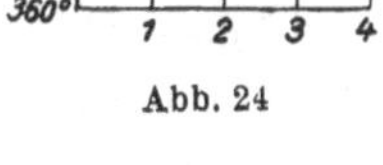

Abb. 24

Die in Abb. 23 wiedergegebene periodische Kurve ergibt folgende Fouriersche Reihe:

$$f(x) = 3{,}5 \sin(\omega t + 30°) +$$
$$+ 2{,}0 \sin(2\omega t + 315°)$$
$$+ 1{,}0 \sin(3\omega t + 150°)$$

für die wir folgendes Spektrum (Abb. 24) aufzeichnen können, in dem nach oben die Amplituden, nach unten die Phasenwinkel aufgetragen sind.

3 Bestimmung der Schwingungsdauer einfacher Systeme

31 Schwingungssysteme unter Wirkung der Schwerkraft

311 Mathematisches Pendel

Unter einem mathematischen Pendel versteht man eine punktförmige Masse m an einem masselosen Faden der Länge l (Abb. 25). Zur Zeit t bilde der Faden mit der Ruhelage den Winkel α. Auf die Masse m wirkt die Schwerkraft mg, die in die Komponente $mg\cos\alpha$ in Richtung des Fadens und in $mg\sin\alpha$ senkrecht dazu zerlegt werden kann. Die Komponente $mg\cos\alpha$ wirkt als Zug im Faden, hat also keinen Einfluß auf die Bewegung.

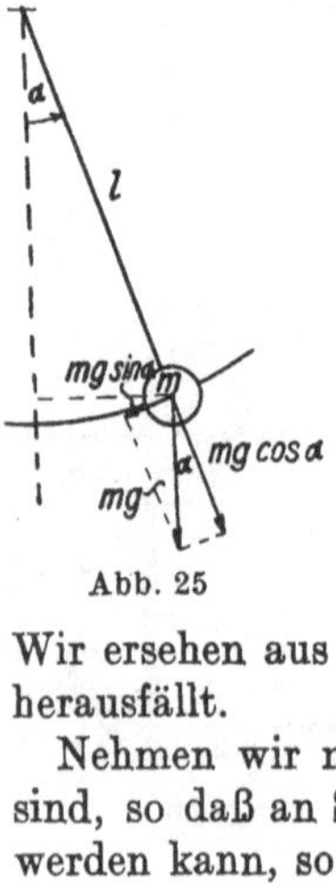

Abb. 25

Es sei:

$\ddot{\alpha}$: die Winkelbeschleunigung,
$\ddot{\alpha} l$: die Umfangsbeschleunigung,
$m l \ddot{\alpha}$: die Trägheitskraft,
$mg\sin\alpha$: die rückwirkende Kraft.

Damit lautet die Bewegungsgleichung:

$$m\,\ddot{\alpha}\,l = -mg\sin\alpha\,.$$

Die Umformung der Gleichung ergibt:

$$\ddot{\alpha} + \frac{g}{l}\sin\alpha = 0\,. \tag{301}$$

Wir ersehen aus ihr, daß die Masse m aus der Gleichung herausfällt.

Nehmen wir nun zuerst an, daß die Ausschläge klein sind, so daß an Stelle von $\sin\alpha$ der Bogen α selbst gesetzt werden kann, so lautet unsere Gleichung:

$$\ddot{\alpha} + \frac{g}{l}\alpha = 0, \tag{302}$$

deren Lösung wir bereits kennen.

Es ist nach dem Früheren:

$$\omega^2 = \frac{g}{l}; \qquad \omega = \sqrt{\frac{g}{l}}$$

und

$$T = \frac{2\pi}{\omega} = 2\pi\sqrt{\frac{l}{g}}. \tag{303}$$

Zu bemerken ist noch, daß ein Sekundenpendel eine volle Schwingungsdauer von 2 sek besitzt. Die Länge dieses Sekundenpendels ergibt sich zu $l = \frac{g}{\pi^2}$, also für eine geographische Breite 50° mit $g = 9{,}81^{\mathrm{m\,s^{-2}}}$ zu $l = 0{,}994$ m.

312 Physisches Pendel

Wir betrachten das Massenelement dm einer Pendelscheibe (Abb. 26). Nach den Betrachtungen im vorherigen Teil lautet für diese die Bewegungsgleichung:

$$dm\, l\, \ddot{\alpha} + dm\, g \sin\alpha = 0\,.$$

Die Gleichung für die ganze Scheibe erhält man durch Summierung wie folgt:

$$\sum dm\, l\, \ddot{\alpha} + \sum dm\, g \sin\alpha = 0\,.$$

Beide Seiten mit l multipliziert ergibt:

$$\sum dm\, l^2\, \ddot{\alpha} + \sum dm\, g\, l \sin\alpha = 0\,.$$

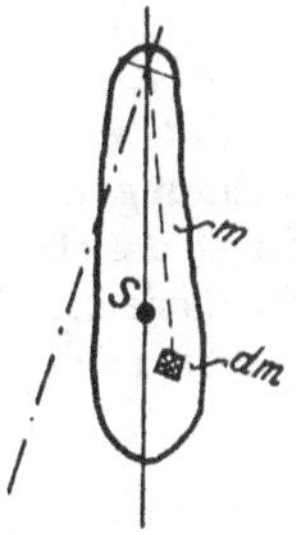

Abb. 26

In dieser Gleichung ist nun:

$\sum dm\, l^2 = \Theta$: das Massenträgheitsmoment der Scheibe, bezogen auf die Drehachse;

$\sum dm\, l = M$: das statische Moment, für das $mg \cdot s$ gesetzt werden kann, worin m die Masse der Scheibe, s der Schwerpunktabstand von der Drehachse ist.

Mit diesen Werten wird die Schwingungsgleichung:

$$\Theta \ddot{\alpha} + mg\, s \sin\alpha = 0 \tag{304}$$

oder für kleine Ausschläge, da $\sin\alpha = \alpha$ gesetzt werden kann:

$$\ddot{\alpha} + \frac{mg\, s}{\Theta} \alpha = 0 . \tag{305}$$

Hieraus ergibt sich die Schwingungsdauer zu

$$T = 2\pi \sqrt{\frac{\Theta}{mg\, s}} . \tag{306}$$

Vergleicht man diese Gleichung mit derjenigen für das mathematische Pendel, so ergeben sich gleiche Schwingungsdauern für

$$\frac{l}{g} = \frac{\Theta}{mg\, s} .$$

Hieraus wird

$$l = \frac{\Theta}{m\, s} .$$

Diese Länge l bezeichnet man als die reduzierte Pendellänge.

Zur weiteren Untersuchung benötigen wir die Umrechnung des Trägheitsmomentes auf parallele Achsen. Ist Θ das Trägheitsmoment, bezogen auf die Drehachse, Θ_s dasjenige für die Schwerachse, so besteht zwischen beiden nach Steiner die Beziehung

$$\Theta = \Theta_s + m\, s^2 .$$

Setzen wir weiter für

$$\Theta_s = m\, k^2 ,$$

worin k der Trägheitsradius ist, so wird

$$\Theta = m\,(s^2 + k^2) .$$

Damit erhalten wir für die reduzierte Pendellänge den Ausdruck

$$l = \frac{s^2 + k^2}{s^2} = 1 + \left(\frac{k}{s}\right)^2$$

und hieraus
$$s^2 - l s + k^2 = 0 .$$

Die Auflösung dieser Gleichung liefert die Wurzelwerte:
$$s_{12} = \frac{l}{2} \pm \sqrt{\left(\frac{l}{2}\right)^2 - k^2} .$$

Die Wurzeln sind reell, solange $l^2 > 4k^2$ ist. Aus diesen Ableitungen folgt, daß das Scheibenpendel zwei Aufhängepunkte besitzt für gleiches T, ihre Entfernungen vom Schwerpunkt sind s_1 und s_2.

Zur Beantwortung der Frage, für welche Entfernung des Aufhängepunktes vom Schwerpunkt die reduzierte Länge und damit die Schwingungsdauer ein Minimum wird, differenzieren wir nach s:
$$\frac{d}{ds}(s^2 - l s + k^2) = 2s - l ,$$
setzen den erhaltenen Wert = Null und erhalten $s = \frac{l}{2}$.

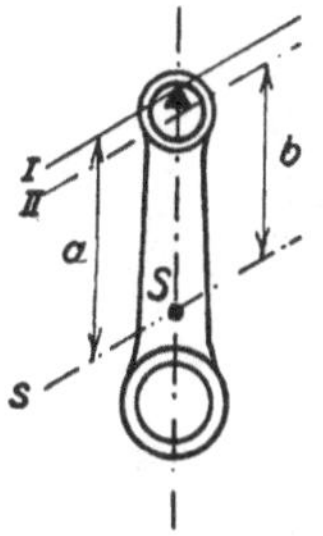

Abb. 27

Dies ist nach den Gleichungen für die Wurzelwerte der Fall, wenn $l^2 = 4k^2$, d. h. $l = 2k$ ist.

Mit Gl. (306) kann das Trägheitsmoment eines unregelmäßigen Körpers ermittelt werden, wenn dessen Gewicht und Schwerpunktlage bekannt sind, wobei letztere in den meisten Fällen leicht durch Auflegen auf eine Schneide bestimmt werden kann.

Für die in Abb. 27 wiedergegebene Kurbelstange bestimmt man aus der beobachteten Schwingungsdauer T das Trägheitsmoment, bezogen auf die Schneide aus $T = 2\pi \sqrt{\frac{\Theta_I}{G s}}$, und rechnet dieses dann um auf die Bolzenachse mittels des **Steinerschen** Satzes. Hierbei muß zuerst $\Theta_s = \Theta_I - m a^2$ und hieraus das gesuchte Trägheitsmoment nach $\Theta_{II} = \Theta_s + m b^2$ berechnet werden.

313 Metronom von Mälzel

Es sei nach Abb. 28

$$b = \alpha a, \qquad m_0 = \beta m.$$

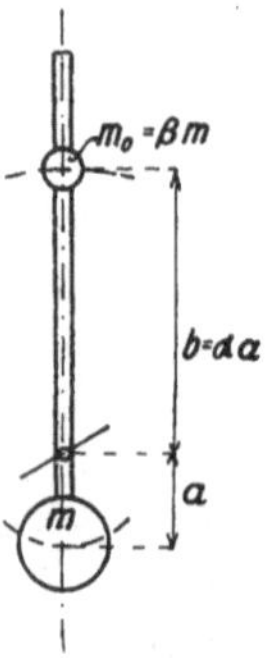

Abb. 28

Damit wird

$$\Theta = m a^2 + m_0 b^2$$
$$= m a^2 (1 + \alpha^2 \beta) = m k_0^2,$$

d. h.

$$k_0^2 = a^2 (1 + \alpha^2 \beta).$$

Der Schwerpunktabstand errechnet sich aus

$$(m + \beta m) s = a m - \beta b m$$

zu:

$$s = \frac{1 - \alpha \beta}{1 + \beta} a$$

und schließlich die reduzierte Pendellänge aus

$$l = \frac{k_0^2}{s}$$

zu

$$l = \frac{a (1 + \alpha^2 \beta)(1 + \beta)}{1 - \alpha \beta}.$$

Wird gewählt:

$$\beta = 0{,}1, \qquad \alpha = 3,$$

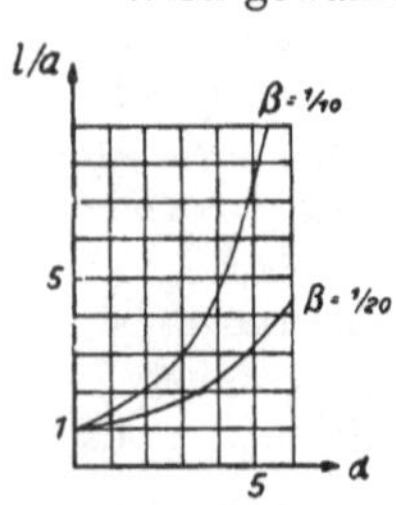

Abb. 29

so erhält man für

$$\frac{l}{a} = 2{,}985.$$

Mit $a = 2{,}5$ cm wird $l = 7{,}45$ cm und

$$T = 2\pi \sqrt{\frac{l}{g}} = 2\pi \sqrt{\frac{7{,}45}{981}} = 0{,}545\, s,$$

$f = 1{,}835$ Hz oder 110 Schwingungen in der Minute.

In Abb. 29 sind für $\beta = \frac{1}{10}$ und $\beta = \frac{1}{20}$ die Werte $\frac{l}{a}$ graphisch aufgetragen.

Bei den Ausrechnungen ist stets angenommen, daß die Masse der Stange gegenüber den Massen selbst verschwindend klein ist.

314 Mathematisches Pendel mit großem Ausschlag

In Abb. 30 sei α der größte Ausschlag des Fadenpendels, φ die augenblickliche Lage. Der Höhenunterschied läßt sich ausdrücken durch

$$h = l\cos\varphi - l\cos\alpha = l(\cos\varphi - \cos\alpha).$$

Aus der Mechanik wissen wir, daß die Wuchtänderung gleich ist der in der gleichen Zeit geleisteten Arbeit. Die Fadenspannung steht senkrecht zur Bewegungsrichtung, leistet also keine Arbeit. Danach ist nun:

$$Q\,h = \tfrac{1}{2}\,m\,v_2^2 - \tfrac{1}{2}\,m\,v_1^2,$$

oder da im Punkte 1 die Geschwindigkeit nach unserer Annahme gleich Null ist:

$$Q\,h = \frac{1}{2}\,m\,v_2^2 = \frac{1}{2}\,\frac{Q}{g}\,v_2^2,$$

woraus sich die Geschwindigkeit ergibt zu:

$$v_2 = \sqrt{2g\,h} = \sqrt{2g\,l(\cos\varphi - \cos\alpha)}.$$

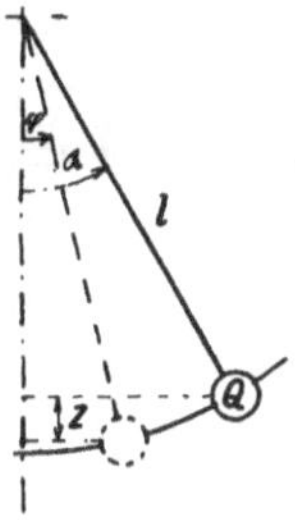

Abb. 30

Der in der Zeit dt zurückgelegte Weg ist nun $v_2\,dt$, wofür wir auch $l\,d\varphi$ schreiben können. Damit wird:

$$d\varphi = \sqrt{\frac{2g}{l}}\,\sqrt{\cos\varphi - \cos\alpha}\,dt$$

oder, da uns die Zeit besonders interessiert,

$$dt = \sqrt{\frac{l}{2g}}\,\frac{d\varphi}{\sqrt{\cos\varphi - \cos\alpha}}$$

Um die Zeit von der Nullage bis zum Ausschlag α zu erhalten, integrieren wir von Null bis α und erhalten:

$$t = \sqrt{\frac{l}{2g}} \int_0^\alpha \frac{d\varphi}{\sqrt{\cos\varphi - \cos\alpha}}\,.$$

Diese Zeit ist $\frac{1}{4}$ der vollen Schwingungsdauer.

Den Ausdruck unter der Wurzel formen wir mittels der Beziehung

$$\cos\beta = 1 - 2\sin^2\frac{\beta}{2}$$

um und erhalten:

$$t = \frac{1}{2}\sqrt{\frac{l}{g}} \int_0^\alpha \frac{d\varphi}{\sqrt{\sin^2\frac{\alpha}{2} - \sin^2\frac{\varphi}{2}}}\,.$$

Weiter führen wir eine neue Veränderliche ψ ein durch die Beziehung

$$\sin\frac{\varphi}{2} = \sin\frac{\alpha}{2}\sin\psi\,.$$

Um $d\varphi$ durch $d\psi$ auszudrücken, differenzieren wir beide Seiten und erhalten:

$$\frac{1}{2}\cos\frac{\varphi}{2}\,d\varphi = \cos\psi\,d\psi\,\sin\frac{\alpha}{2}$$

und hieraus:

$$d\varphi = \frac{2\cos\psi\sin\frac{\alpha}{2}}{\cos\frac{\varphi}{2}}\,d\psi$$

oder, da

$$\cos\frac{\varphi}{2} = \sqrt{1 - \sin^2\frac{\varphi}{2}}$$

und mit obigem Ausdruck für $\sin\frac{\varphi}{2}$

$$\cos\frac{\varphi}{2} = \sqrt{1 - \sin^2\frac{\alpha}{2}\sin^2\psi}$$

schließlich:

$$d\varphi = \frac{2\cos\psi \sin\frac{\alpha}{2}}{\sqrt{1 - \sin^2\frac{\alpha}{2}\sin^2\psi}}.$$

Dieser Wert eingesetzt ergibt, wenn gleichzeitig $\sin\frac{\varphi}{2}$ durch $\sin\frac{\alpha}{2}\sin\psi$ ersetzt wird:

$$t = \sqrt{\frac{l}{g}} \int_0^{\pi/2} \frac{d\psi}{\sqrt{1 - \sin^2\frac{\alpha}{2}\sin^2\psi}}$$

Die neuen Grenzwerte ergeben sich aus Gleichung

$$\sin\frac{\varphi}{2} = \sin\frac{\alpha}{2}\sin\psi.$$

Diese kann für $\varphi = 0$ nur bestehen, wenn $\psi = 0$ ist; $\varphi = \alpha$ nur, wenn $\psi = \frac{\pi}{2}$ ist.

Durch die elementaren Funktionen ist das Integral nicht ausdrückbar und daher auch nicht ohne weiteres zu lösen. Man nennt es ein elliptisches Integral erster Gattung und führt das Zeichen ein:

$$\int_0^{\pi/2} \frac{d\psi}{\sqrt{1 - \sin^2\frac{\alpha}{2}\sin^2\psi}} = F\left(\sin\frac{\alpha}{2}, \frac{\pi}{2}\right),$$

darin ist $\sin\frac{\alpha}{2}$ der Modul und $\frac{\pi}{2}$ das Argument. Die Werte selbst entnimmt man den Tafeln für elliptische Integrale.

Wir erhalten nun für die volle Schwingungsdauer:

$$T = 4\sqrt{\frac{l}{g}}\, F\left(\sin\frac{\alpha}{2}, \frac{\pi}{2}\right). \tag{307}$$

Einige Werte der Funktion enthält folgende Tafel:

$\alpha = 0°$	$\frac{\alpha}{2} = 0$	$F\left(\sin\frac{\alpha}{2}, \frac{\pi}{2}\right) = 1{,}5708 = \frac{\pi}{2}$
5	2,5	1,5715
10	5	1,5738
20	10	1,5828
40	20	1,6200
60	30	1,6858
90	45	1,8541

Wir sehen ferner, daß der Funktionswert F sich bis $\alpha = 5°$ nur um $^7/_{10\,000}$ ändert.

Für mittlere Ausschläge werden wir im folgenden noch eine angenäherte Formel ableiten. Den Wert unter dem Integralzeichen können wir mit Hilfe der binomischen Reihe:

$$(1 \pm x)^n = 1 \pm \binom{n}{1} x + \binom{n}{2} x^2 \pm \binom{n}{3} x^3 + \cdots$$

gültig für jedes n und für $-1 < x < +1$ umformen. Diese lautet für unseren besonderen Fall:

$$\frac{1}{\sqrt{1-x^2}} = 1 + \frac{1}{2} x^2 + \frac{3}{8} x^4 + \cdots$$

Rechnet man nur mit den beiden ersten Gliedern der rasch konvergierenden Reihe für kleines x, so erhält man für x den Wert eingesetzt:

$$t = \sqrt{\frac{l}{g}} \left[\int_0^{\pi/2} d\psi + \frac{1}{2} \sin\alpha \int_0^{\pi/2} \sin^2\psi \, d\psi \right].$$

Da nun das letzte Integral mit den Grenzen 0 bis $\frac{\pi}{2}$ den Wert $\frac{\pi}{4}$ ergibt, wird

$$t = \sqrt{\frac{l}{g}} \left(\frac{\pi}{2} + \frac{\pi}{8} \sin^2 \frac{\alpha}{2} \right),$$

oder wenn wir, da es sich nur um mittlere Ausschläge handelt, $\sin^2 \frac{\alpha}{2} = \frac{\alpha^2}{4}$ setzen:

$$t = \sqrt{\frac{l}{g}}\,\frac{\pi}{2}\left(1 + \frac{\alpha^2}{16}\right),$$

oder für die volle Schwingung:

$$T = 2\pi\sqrt{\frac{l}{g}}\left(1 + \frac{\alpha^2}{16}\right), \tag{308}$$

worin α im Bogenmaß einzusetzen ist. Da zwischen Bogenmaß und Winkelgeraden die Beziehung $\operatorname{arc}\alpha = \frac{360}{2\pi}\alpha^\circ$ besteht, lautet die Formel für die Schwingungsdauer:

$$T = 2\pi\sqrt{\frac{l}{g}}\,(1 + c\,\alpha^{\circ 2}) \tag{309}$$

mit

$$c = \frac{1}{16}\left(\frac{2\pi}{160}\right)^2 = 0{,}000019.$$

Der Wert des Korrektionsgliedes $(1 + c\,\alpha^{\circ 2})$ ist für einzelne Ausschläge wie folgt:

α	$(1 + c\,\alpha^{\circ 2})$
$\alpha = 5°$	$= 1{,}0005$
10	1,0019
20	1,0076
40	1,0304
60	1,0684
90	1,1539

Ein Vergleich der Werte T nach den drei Formeln zeigt eine gute Übereinstimmung der Näherungsformel für mittlere Ausschläge mit der genauen bis etwa 45°, der Formel $T = 2\pi\sqrt{\frac{l}{g}}$ für kleine Ausschläge bis etwa 6°

315 Drehpendel (Bifilarpendel)

Das Bifilarpendel wurde zuerst von Gauß angewandt zur Aufhängung der Magnetnadel eines Galvanometers.

Es soll im folgenden behandelt werden, da es zur Bestimmung von Trägheitsmomenten beliebig geformter Körper gute Dienste leistet, vor allem, da der Gleitmodul des Drahtes nicht bekannt sein muß.

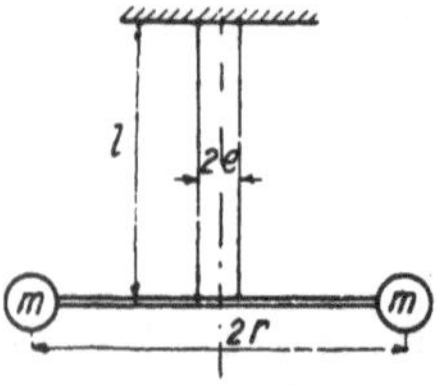

Abb. 31

In Abb. 31 ist eine Ausführungsform angegeben. Der Stab, der die zwei Massen m trägt, ist an zwei parallelen Fäden aufgehängt, deren Entfernung $2e$ und deren Länge l sei.

Der Ausschlag zur Zeit t sei φ, der Bogen x (Abb. 32). Zur Bestimmung der rückwirkenden Kraft müssen wir zuerst untersuchen, welche Kräfte im Punkte A' wirken. Senkrecht nach unten wirkt das Gewicht der Masse, also mg. In Richtung des Fadens wirkt die Komponente $mg \cos\alpha$.

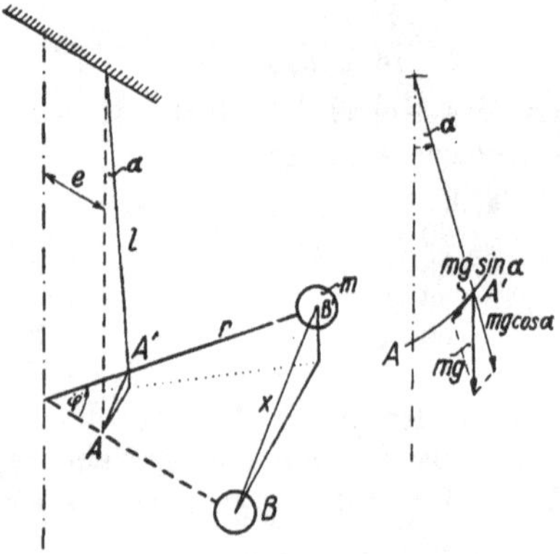

Abb. 32

Einfluß auf die Bewegung hat jedoch nur die Komponente $mg \sin\alpha$. Um diese Wirkung im Punkte A' hervorzurufen, muß in B' die Kraft $\frac{e}{r}\, mg \sin\alpha$ wirken.

Die Differentialgleichung der Schwingung lautet nun:

$$2\,m\,\ddot{x} + 2\,mg\,\frac{e}{r}\sin\alpha = 0\,. \tag{310}$$

Wir formen diese um, indem wir setzen:

$$x = \varphi\,r; \qquad \alpha = \frac{e}{l}\,\varphi$$

und erhalten nach Multiplikation mit r:

$$2\,m\,r^2\,\ddot{\varphi} + 2\,mg\,e\sin\left(\frac{e}{l}\,\varphi\right) = 0\,.$$

In dieser Gleichung ist $2mr^2 = \Theta$ und $2mg = Q$. Für kleine Winkel φ können wir, besonders da $\frac{e}{l} < 1$ ist, $\sin\left(\frac{e}{l}\,\varphi\right) = \frac{e}{l}\,\varphi$ setzen und erhalten:

$$\ddot{\varphi} + \frac{Q\,e^2}{\Theta\,l}\,\varphi = 0\,, \tag{311}$$

woraus sich ergibt:

$$T = 2\pi\sqrt{\frac{\Theta\,l}{Q\,e^2}} \tag{312}$$

oder, wenn das Massenträgheitsmoment eines Körpers ermittelt werden soll:

$$\Theta = \left(\frac{T}{2\pi}\right)^2 Q\,\frac{e^2}{l}\,.$$

Die obige Formel ist jedoch nur richtig, wenn das durch die Verdrehung der Drähte hervorgerufene Torsionsmoment vernachlässigt werden kann. Bei Verwendung dünner Drähte bzw. Drahtseile jedoch ist dies meistens der Fall, besonders wenn l groß gegen e gewählt wird.

Hängt man den Körper an drei Punkten auf, die auf einem Kreis mit dem Radius r liegen, so bleibt obige Formel ohne Änderung bestehen; $e = r$.

316 Balkenwaage

In Abb. 33 ist die Waage schematisch wiedergegeben; Q sind die Belastungsgewichte, ΔQ das den Ausschlag φ hervorrufende Übergewicht. Das Gewicht des Waagebalkens denken wir uns im Schwerpunkt S wirkend, welcher, um einen stabilen Gleichgewichtszustand zu erreichen, unterhalb der Mittelschneide liegen muß. Die Gleichgewichtsgleichung lautet:

$$(Q + \Delta Q) l \cos\varphi = Q l \cos\varphi + G s \sin\varphi,$$

$$\Delta Q l \cos\varphi = G s \sin\varphi,$$

woraus sich ergibt:

$$\operatorname{tg}\varphi = \frac{l}{G s} \Delta Q.$$

Der Ausdruck $\frac{l}{G s}$ ist ein Maß für die Empfindlichkeit der Waage. Je größer l, je kleiner das Gewicht G des Balkens oder der Schwerpunktsabstand s ist, desto größer wird der Ausschlag für ein aufgelegtes Gewichtsstück. Für die Schwingungsdauer gilt:

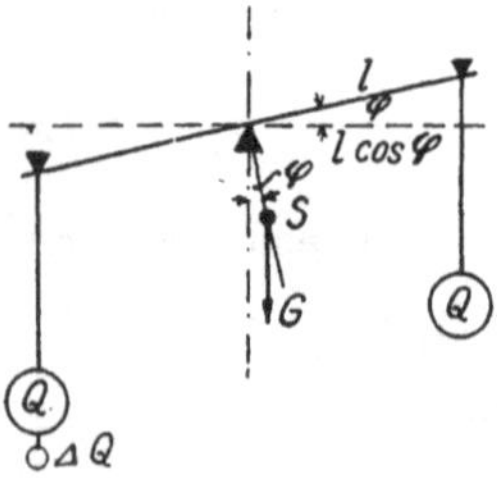

Abb. 33

$$T = 2\pi \sqrt{\frac{\Theta}{C}},$$

wobei

$$\Theta = \Theta_B + 2 \frac{Q}{g} l^2 + \frac{\Delta Q}{g} l^2$$

ist.

Für kleine Winkel kann $\operatorname{tg}\varphi = \varphi$ gesetzt werden, es ist

$$\frac{\Delta Q}{\varphi} = \frac{G s}{l} = C \text{ (Richtmoment)}$$

und

$$T = 2\pi \sqrt{\frac{\Theta l}{G s}},$$

d. h. die Schwingungsdauer und damit die Wägungsdauer ist proportional der Wurzel aus der Empfindlichkeit. Bei Waagen für chemische Zwecke beträgt diese etwa 10 sek.

317 Spiegelschwingungen in kommunizierenden Gefäßen

Zur Lösung der Aufgabe verwenden wir die Energiegleichung

$$E_p = E_k = E_0 = \text{konst.}$$

Die in Abb. 34 schraffierten Wassermengen haben das gleiche Gewicht. Damit erhält man für $E_p = F_1\, x_1 \gamma \frac{x_1 + x_2}{2}$ oder, da nach der Kontinuitätsgleichung $F_1 x_1 = F_2 x_2$ ist:

$$E_p = \frac{x_1^2}{2} \gamma \frac{F_1 + F_2}{F_2} F_1 .$$

Die kinetische Energie ist:

$$E_k = \tfrac{1}{2}(m_1 \dot{x}_1 + m_2 \dot{x}_2 + m_3 \dot{x}_3) .$$

Mit den Massen

$$m_1 = F_1(h + x_1)\frac{\gamma}{g},$$

$$m_3 = F_2(h - x_2)\frac{\gamma}{g},$$

$$m_2 = f\, l \frac{\gamma}{g}$$

und

$$F_1 \dot{x}_1 = F_2 \dot{x}_2 = f \dot{x}_3$$

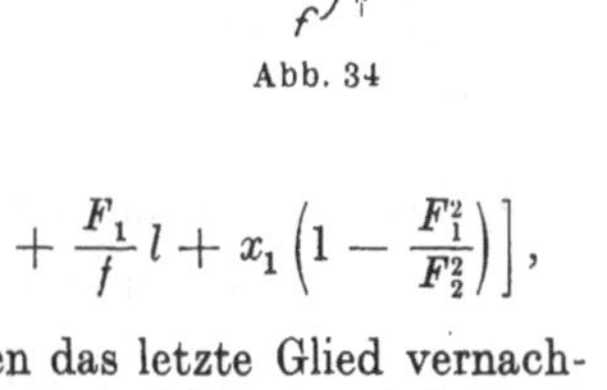

Abb. 34

erhält man schließlich:

$$E_k = \frac{\gamma}{2g} \dot{x}_1^2 F_1 \left[h\left(1 + \frac{F_1}{F_2}\right) + \frac{F_1}{f} l + x_1\left(1 - \frac{F_1^2}{F_2^2}\right)\right],$$

wobei für kleine Schwingungen das letzte Glied vernachlässigbar klein ist. Aus der Energiegleichung wird durch einmaliges Differenzieren die Kraftgleichung:

$$\ddot{x}_1^2 + \left[\frac{\left(1+\frac{F_1}{F_2}\right)g}{h\left(1+\frac{F_1}{F_2}\right)+\frac{F_1}{f}\,l}\right]x_1 = 0\,.$$

Der Klammerausdruck ist ω^2, womit sich die Schwingungsdauer ergibt zu:

$$T = \frac{2\pi}{\sqrt{g}}\sqrt{h+\frac{\frac{F_1}{f}}{1+\frac{F_1}{F_2}}\,l}\,. \tag{313}$$

Sonderfall 1: $F_1 = F_2$; $F_1 = f$;

$$T = 2\pi\sqrt{\frac{1}{g}\left(h+\frac{1}{2}\,l\right)} = 2\pi\sqrt{\frac{L}{2g}}\,. \tag{314}$$

Die halbe mittlere Fadenlänge entspricht der Länge des mathematischen Pendels, wie bereits in 13 gezeigt wurde.

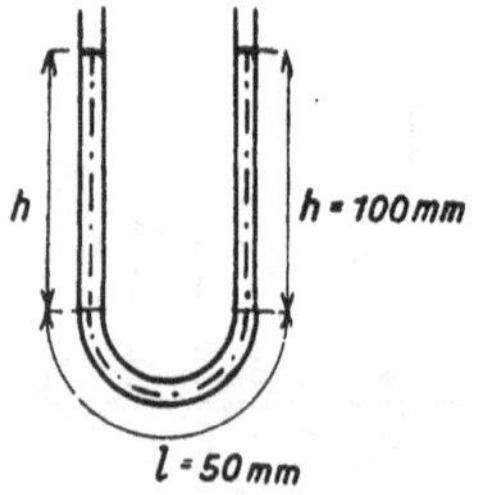

Abb. 35

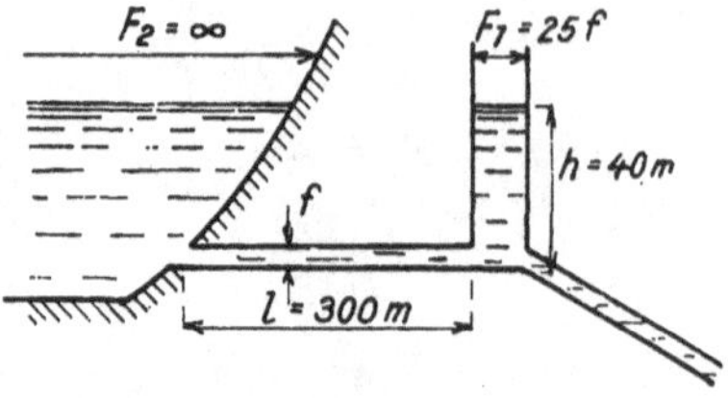

Abb. 36

Anwendung: U-Manometer (Abb. 35).

$$L = 100 + 100 + 50 \text{ mm},$$

$$T = 2\pi\sqrt{\frac{2\cdot 981}{250}} = 0{,}708 \text{ s}.$$

Sonderfall 2: $F_2 = \infty$:

$$T = 2\pi \sqrt{\frac{1}{g}\left(h + \frac{F_1}{f}\, l\right)}. \tag{315}$$

Anwendung: Wasserschloß (Abb. 36).

$$T = 2\pi \sqrt{\frac{1}{g}(40 + 25 \cdot 300)} = 2\pi \sqrt{\frac{7540}{9{,}81}} = 174 \text{ s}.$$

Sonderfall 3: $F_1 = f$:

$$T = 2\pi \sqrt{\frac{1}{g}\left(h + \frac{1}{1 + \frac{F_1}{F_2}}\right) l}. \tag{316}$$

Anwendung: Gefäßmanometer (Abb. 37).

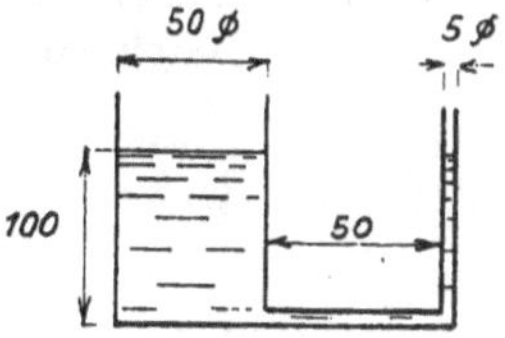

Abb. 37

$$F_2 = 100\, F_1; \qquad f = F_1,$$

$$T = 2\pi \sqrt{\frac{1}{g}\left(10 + \frac{1}{1 + 0{,}01} \cdot 5\right)} = 2\pi \sqrt{\frac{14{,}99}{981}} = 0{,}739 \text{ s}.$$

32 Schwingungssysteme unter Wirkung elastischer Kräfte

321 Systeme mit Längsschwingungen

3211 Federpendel

Für diese Schwinger (Abb. 38a u. b) ist:

$$T = 2\pi \sqrt{\frac{m}{c}}, \qquad \omega = \sqrt{\frac{c}{m}}.$$

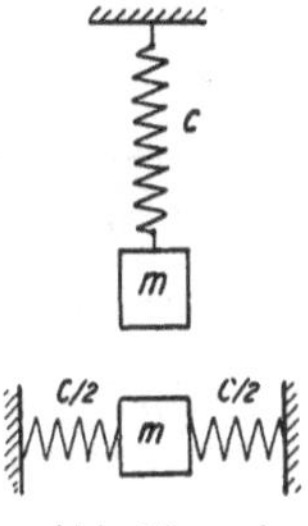

Abb. 38a u. b

Bei Verwendung einer Schraubenfeder berechnet sich, z. B. für eine zylindrische Schraubenfeder, nach den Formeln der Festigkeitslehre die Richtkraft[1]) zu:

$$c = \frac{P}{d} = \frac{d^4 G}{64\, n\, r^3}, \tag{316}$$

[1]) $d = f$ der Formeln der Festigkeitslehre im Ausdruck P/d.

wenn d die Drahtstärke, r der Windungshalbmesser, n die Windungszahl und G der Gleitmodul ist.

Für einen elastischen Stab ist:

$$c = \frac{P}{d} = \frac{EF}{l}, \tag{317}$$

wenn F der Querschnitt, l die Länge des Stabes und E der Elastizitätsmodul ist.

Mit der Durchfederung d infolge der Belastung durch Q wird:

$$\omega = \sqrt{\frac{g}{d}}\ \mathrm{s}^{-1} \quad \text{und} \quad n \cong 300\sqrt{\frac{1}{d}}\ \mathrm{min}^{-1}. \tag{318}$$

3212 Zusammengesetzte Federungen

a) Parallelschaltung (Abb. 39). Die Last Q wird derart angebracht, daß jede Feder den gleichen Durchfederungsbetrag erfährt, dann ist nach der Gleichgewichtsbedingung $c_1 d + c_2 d = P = c_r d$, woraus sich die resultierende Federungskonstante c_r ergibt zu:

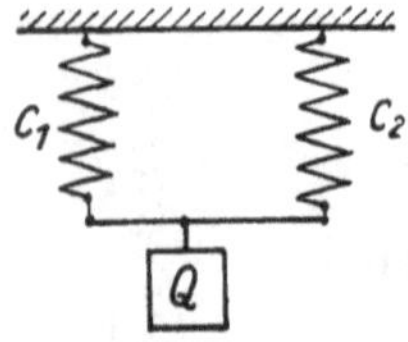

Abb. 39

$$c_r = c_1 + c_2 + \cdots = \sum c_i, \tag{319}$$

d. h. die resultierende Federungskonstante ist gleich der Summe der einzelnen.

Hiermit wird:

$$\omega = \sqrt{\frac{c_r}{m}} = \sqrt{\frac{c_1}{m} + \frac{c_2}{m} + \cdots}$$

$$\omega^2 = \frac{c_1}{m} + \frac{c_2}{m} + \cdots = \omega_1^2 + \omega_2^2 + \cdots \tag{320}$$

und ferner:

$$\omega^2 = \sum \omega_i^2.$$

b) Hintereinanderschaltung von Federn (Abb. 40)
Die einzelnen Durchfederungen sind:

$$d_1 = \frac{Q}{c_1} \quad \text{und} \quad d_2 = \frac{Q}{c_2}.$$

Abb. 40

Mit der resultierenden Federungskonstanten c_r wird:

$$d = d_1 + d_2.$$

Hiermit erhalten wir schließlich:

$$\frac{1}{c_r} = \frac{1}{c_1} + \frac{1}{c_2} + \cdots = \sum \frac{1}{c_i}, \qquad (321)$$

d. h. der Kehrwert der resultierenden Federkonstanten c_r ist gleich der Summe der Kehrwerte der Federkonstanten der einzelnen Federn. Durch Multiplikation der Gleichung mit m erhält man:

$$\frac{1}{\frac{c_r}{m}} = \frac{1}{\frac{c_1}{m}} + \frac{1}{\frac{c_2}{m}} + \cdots$$

und ferner:

$$\frac{1}{\omega^2} = \frac{1}{\omega_1^2} + \frac{1}{\omega_2^2} + \cdots \qquad (322)$$

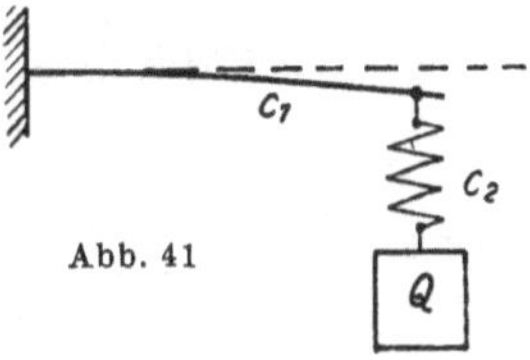

Abb. 41

schließlich:

$$\frac{1}{\omega^2} = \sum \frac{1}{\omega_i^2}.$$

An Stelle einer Schraubenfeder oder des elastischen Stabes kann auch eine Biegungsfeder treten (Abb. 41).

3213 Schwinger großer Schwingungsdauer

Ein Schwinger mit einer Schwingungsdauer von 10 sek ist zu berechnen.

Ein mathematisches Pendel müßte nach $T = 2\pi \sqrt{\frac{l}{g}}$ eine Länge von $l \sim 25$ m besitzen. Ein Federpendel mit einem Gewicht von 20 kg bedarf einer Feder mit der Konstanten $c \sim 8\,\mathrm{g\,cm^{-1}}$, also eine derart weiche Feder, die sich durch das Gewicht von 20 kg allein um 25 m durchfedern würde. Zu lösen ist die Aufgabe nur mit einem astatischen Pendel, wie es in der Seismographentechnik verwendet wird (Abb. 42).

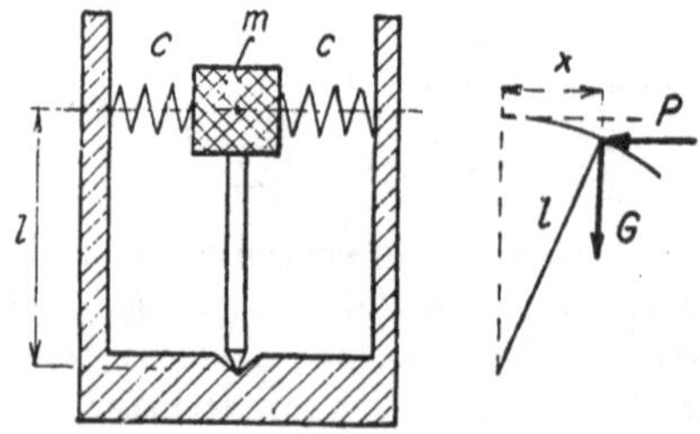

Abb. 42

Das Labilitätsmoment ergibt sich zu:

$$M_l = G\,l \sin\alpha = G\,x.$$

Um dieses Moment aufzuheben, ist eine Kraft $P = -\frac{G}{l}x$ erforderlich. Das Minuszeichen gibt an, daß die Kraft entgegen des Ausschlages x wirkt. $\frac{P}{x} = -\frac{G}{l}$ ist die Federkonstante c, die allerdings negativ ist. In diesem indifferenten Gleichgewicht kann das Pendel nicht schwingen. Wie die Untersuchungen, auf die nicht näher eingegangen werden kann, zeigen, muß die Federkonstante für ein gefordertes ω $c = m\omega^2 + \frac{G}{l}$ sein. Mit $G = 20\,\mathrm{kg}$; $l = 50\,\mathrm{cm}$; $T = 10\,\mathrm{s}$, womit $\omega = 0{,}628$, ergibt sich eine Feder mit

$$c = \frac{20}{981}\,0{,}628^2 + \frac{20}{50} = 0{,}408\ \mathrm{kg\,cm^{-1}}.$$

Für die Federberechnung darf nach Lehr maximal 20 kg mm^{-2} zugelassen werden.

3214 Schwinger hoher Frequenzen (Tonpilz)

Es soll ein Tonpilz (Reintöner) (Abb. 43) für den Kammerton $a' = 435$ Hz entworfen werden. Nach $\omega = 2\pi f$ wird $\omega = 2730\ \mathrm{s}^{-1}$. Ein kurzer Überschlag zeigt, daß die Elastizität eines Stahlrohres bzw. Stahlstabes verwendet werden kann. Die schwingende Masse soll 5 kg wiegen, der größte Schwingungsausschlag 0,25 mm betragen. Aus

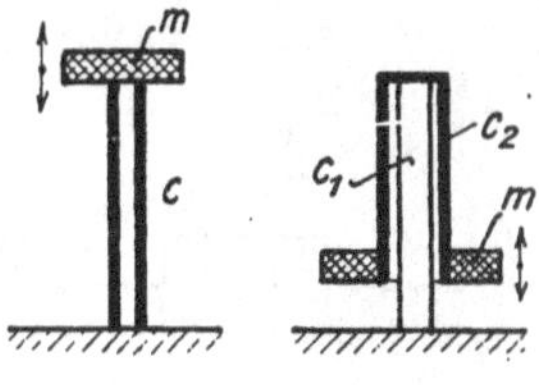

Abb. 43

$\omega = \sqrt{\frac{c}{m}}$ ergibt sich mit

$m = 0{,}0051\ \mathrm{kg\,s^2\,cm^{-1}}$ und $\omega = 2730\ \mathrm{s}^{-1}$

$$c = 2730^2 \cdot 0{,}0051 = 37\,000\ \mathrm{kg\,cm^{-1}}$$

Die Länge des Stabes müßte

$$l = \frac{\Delta l\, E}{\sigma_z} = \frac{0{,}025 \cdot 2{,}15 \cdot 10^6}{2000} = 26{,}9\ \mathrm{cm}$$

betragen; der Stabquerschnitt

$$q = \frac{c\,l}{2{,}16 \cdot 10^6} = 0{,}46\ \mathrm{cm}^2.$$

3215 Schwinger mit mehreren Massen

a) Zweimassensystem

In Abb. 44a u. b ist ein Zweimassensystem schematisch wiedergegeben.

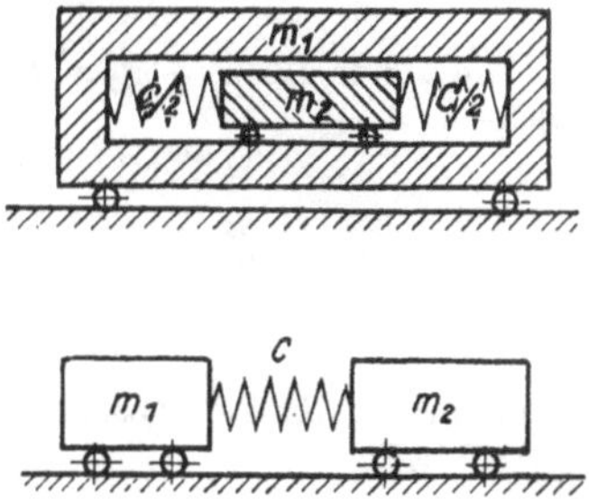

Abb. 44 a u. b

Auf das Massensystem wirken folgende Kräfte (Abb. 45), die folgende Gleichungen liefern:

$$m_1 \ddot{x}_1 + c(x_1 - x_2) = 0, \quad m_2 \ddot{x}_2 - c(x_1 - x_2) = 0 \qquad (323)$$

oder

$$m_1 \ddot{x}_1 + c\, x_1 - c\, x_2 = 0, \quad m_2 \ddot{x}_2 - c\, x_1 + c\, x_2 = 0. \qquad (324)$$

Aus Gl. (324) erhalten wir:

$$x_2 = \frac{m_1}{c} \ddot{x}_1 + x_1,$$

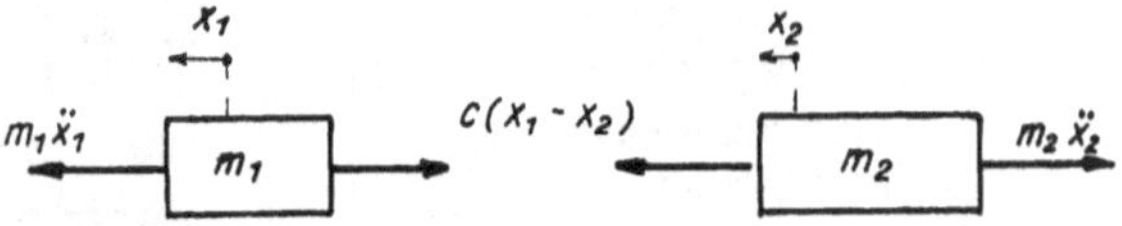

Abb. 45

nach zweimaliger Differentiation:

$$\dot{x}_2 = \frac{m_1}{c} \dddot{x}_1 + \dot{x}_1, \qquad \ddot{x}_2 = \frac{m_1}{c} \ddddot{x}_1 + \ddot{x}_1,$$

in Gl. (323) eingesetzt:

$$m_2 \left(\frac{m_1}{c} + \ddddot{x}_1 + \ddot{x}_1\right) - c\left(x_1 - \frac{m_1}{c} \ddot{x}_1 - x_1\right) = 0,$$

schließlich:

$$\ddddot{x}_1 + \frac{m_1 + m_2}{m_1 m_2} c\, \ddot{x}_1 = 0. \qquad (325)$$

Wird zur Lösung $x_1 = a \sin \omega t$ gesetzt und viermal differenziert:

$$\dot{x}_1 = a\, \omega \cos \omega t,$$
$$\ddot{x}_1 = -a\, \omega^2 \sin \omega t = -x_1\, \omega^2,$$
$$\dddot{x}_1 = -a\, \omega^3 \cos \omega t,$$
$$\ddddot{x}_1 = a\, \omega^4 \sin \omega t = x_1\, \omega^4$$

und in Gl. (325) eingesetzt, so erhält man nach Division durch ω^2:

$$\omega^2 - \frac{m_1 + m_2}{m_1 m_2} c = 0 \qquad (326)$$

und hieraus:

$$\omega = \sqrt{\frac{m_1 + m_2}{m_1\, m_2}\, c} = \sqrt{\frac{c}{m_1} + \frac{c}{m_2}}, \tag{327}$$

die Eigenkreisfrequenz, die mit $\frac{c}{m_1} = \omega_I^2$ und $\frac{c}{m_2} = \omega_{II}^2$ auch geschrieben werden kann $\omega^2 = \omega_I^2 + \omega_{II}^2$, worin also ω_I und ω_{II} die Eigenkreisfrequenzen der beiden Einzelmassen sind. Ein Schwinger mit zwei Massen besitzt eine Eigenfrequenz. Dies steht scheinbar im Widerspruch mit einer Eigenfrequenz beim Einmassensystem. Es wird:

$$\sqrt{\frac{c}{m_1} + \frac{c}{m_2}} = \sqrt{\frac{c}{m_1}},$$

wenn $m_2 = \infty$ ist; dies besagt, daß die Einspannstelle des Einmassenschwingers gleichbedeutend mit einer unendlich großen Masse ist.

Aus den Gl. (323) folgt durch Addition:

$$m_1\, \ddot{x}_1 = m_2\, \ddot{x}_2$$

und nach zweimaliger Integration:

$$m_1\, x_1 = m_2\, x_2,$$

d. h. die Schwingungsausschläge sind indirekt proportional den Massen, und ferner, daß es einen Federpunkt gibt, der in Ruhe bleibt, einen Knotenpunkt, der den Massenabstand im umgekehrten Verhältnis der Massen teilt.

b) Schwinger mit 3 Massen liefert folgendes Gleichungssystem:

$$\begin{aligned}
m_1\, \ddot{x}_1 + c_{12}\, x_1 - c_{12}\, x_2 \qquad\qquad\qquad\qquad &= 0, \\
m_2\, \ddot{x}_2 - c_{12}\, x_1 + c_{12}\, x_2 + c_{23}\, x_2 - c_{23}\, x_2 &= 0, \\
m_2\, \ddot{x}_3 \qquad\qquad\qquad - c_{23}\, x_2 + c_{23}\, x_3 &= 0.
\end{aligned}$$

mit dem Ergebnis:

$$\omega^4 - \left[\left(\frac{1}{m_1} + \frac{1}{m_2}\right) c_{12} + \left(\frac{1}{m_2} + \frac{1}{m_3}\right) c_{23}\right] \omega^2 +$$

$$+ \left(\frac{1}{m_1 m_2} + \frac{1}{m_1 m_3} + \frac{1}{m_2 m_3}\right) c_{12} c_{23} = 0,$$

das mit $\omega^2 = z$ gesetzt auf eine quadratische Gleichung führt, die schließlich zwei positive Eigenkreisfrequenzen zu ω_1 und ω_2 liefert.

c) Schwinger mit n-Massen. Das Bildungsgesetz für die n-Massen führt auf eine Gleichungsform

$$a_{n-1}\,\omega^{2(n-1)} + a_{n-2}\,\omega^{2(n-2)} + \cdots a_1\,\omega^2 + a_0 = 0,$$

die nur graphisch zu lösen ist. Für n-Massen gibt es $(n-1)$ Eigenkreisfrequenzen. Das Bildungsgesetz für die Koeffizienten ist von Holzer aufgestellt, es liefert rechnerisch unbequeme Ausdrücke. Graphische Verfahren von Gümbel, Geiger und insbesondere das analytische indirekte Verfahren von Tolle bringt die Ermittlung der Eigenkreisfrequenzen rechnerisch einfacher.

3216 Indirektes Verfahren

Es soll zunächst am Dreimassensystem (Abb. 46) gezeigt werden.

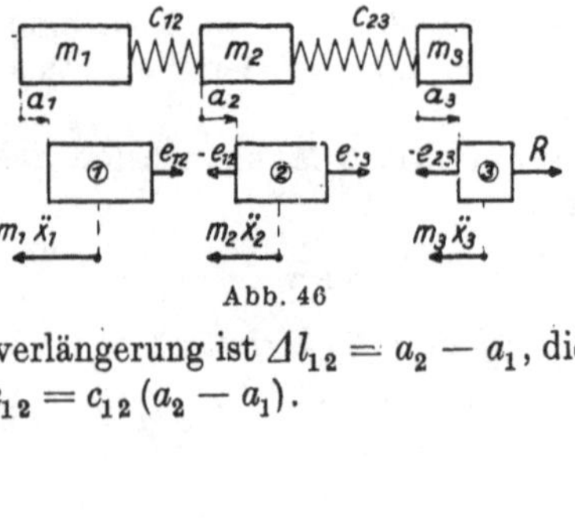

Abb. 46

Die Federverlängerung ist $\Delta l_{12} = a_2 - a_1$, die elastische Federkraft $e_{12} = c_{12}(a_2 - a_1)$.

Auf die zweite Masse wirken die elastischen Kräfte $e_{23} - e_{12}$ und die Massenkraft $m_2 \ddot{x}_2$.

Mit $x_2 = a_2 \sin \omega t$ erhält man $\ddot{x}_2 = - a_2 m_2 \omega^2$.

Es wird also für ein beliebiges ω und bekanntes a_2

$$e_{23} - e_{21} = - a_2 m_2 \omega^2,$$

$$e_{23} = e_{12} - a_2 m_2 \omega^2.$$

Aus $e_{23} = c_{23} (a_3 - a_2)$ berechnet sich:

$$a_3 = a_2 + \frac{e_{23}}{c_{23}}.$$

Mit dem nun errechneten Ausschlag a_3 kann die Rechnung in gleicher Weise für die dritte Masse durchgeführt werden usw.

Für $2 = i$ erhalten wir für die i-Masse die Gleichungen:

$$\left.\begin{aligned} e_{i,\,i+1} &= e_{i-1,\,i} - a_i m_i \omega^2 && \text{dynamische} \\ a_{i+1} &= a_i + \frac{e_{i,\,i+1}}{c_{i,\,i+1}} && \text{elastische} \end{aligned}\right\} \begin{array}{l}\text{Grund-}\\ \text{gleichung.}\end{array} \tag{328}$$

Damit ergibt sich folgender Rechnungsgang für ein gewähltes ω, wobei wir ferner $a_1 = 1$ setzen. Da sich links der Masse 1 keine Feder befindet und auch keine äußere Kraft wirkt, ist $e_{01} = 0$. Wir erhalten:

$$a_1 = 1,$$

$$e_{01} = 0,$$

$$e_{12} = a_1 - m_1 a_1 \omega^2 = - m_1 \omega^2;$$

$$a_2 = a_1 + \frac{e_{12}}{c_{12}} = 1 - \frac{m_1 \omega^2}{c_{12}},$$

$$e_{23} = e_{12} - m_2 a_2 \omega^2 \text{ usw.}$$

Die Rechnung selbst ist einfacher als die allgemeine Ableitung erkennen läßt, sie soll deshalb an einem Dreimassensystem gezeigt werden.

$$G_1 = 20 \text{ kg}, \qquad m_1 = \frac{20}{981} = 0{,}02039 \text{ kg s}^2 \text{ cm}^{-1},$$

$$G_2 = 60 \text{ kg}, \qquad m_2 = \frac{60}{981} = 0{,}06118 \text{ kg s}^2 \text{ cm}^{-1},$$

$$G_3 = 30 \text{ kg}, \qquad m_3 = \frac{30}{981} = 0{,}03059 \text{ kg s}^2 \text{ cm}^{-1},$$

$$c_{12} = 3{,}248 \text{ kg cm}^{-1},$$

$$c_{23} = 2{,}029 \text{ kg cm}^{-1}.$$

Gewählt sei: $\omega = 9\,\text{s}^{-1}$, $\omega^2 = 81\,\text{s}^{-2}$

$$a_1 = 1{,}000 \text{ cm},$$

$$e_{13} = e_{01} - m_1 a_1 \omega^2 = 0 - 0{,}02039 \cdot 1 \cdot 81 = -1{,}659 \text{ kg},$$

$$a_2 = a_1 + \frac{e_{12}}{c_{12}} = 1{,}000 - \frac{1{,}659}{3{,}248} = +0{,}4894 \text{ cm},$$

$$e_{23} = e_{12} - m_2 a_2 \omega^2$$

$$= -1{,}659 - 0{,}06118 \cdot 0{,}4894 \cdot 81 = -4{,}084 \text{ kg},$$

$$a_3 = a_2 + \frac{e_{23}}{c_{23}} = 0{,}4894 - \frac{4{,}084}{2{,}029} = -1{,}5246 \text{ cm},$$

$$e_{34} = e_{23} - m_3 a_3 \omega^2$$

$$= -4{,}084 - 0{,}03059\,(-1{,}5246)\,81 = -0{,}308 \text{ kg}.$$

Da eine Feder 34 nicht vorhanden ist, muß $e_{34} = -0{,}308$ als äußere Kraft angebracht werden, um das System im Gleichgewicht zu halten; $e_{34} = -0{,}308 \text{ kg} = R = $ Restkraft.

Noch einfacher wird die Durchrechnung mit folgendem Rechenschema[1]), wenn man zunächst die Werte $m_1 \omega^2$; $m_2 \omega^2$; $m_3 \omega^2$ berechnet.

---

[1]) Man zeichnet zweckmäßig das Schema mit kräftigen Strichen auf, legt ein durchscheinendes Papier darauf und führt die Rechnung auf diesem für verschiedene ω aus.

$\omega = 9$ $\omega^2 = 81$

e		c	$m\omega^2$		a
	−1,659		−1,659 •	+1,0000	1
12	−1,659	: 3,248		−0,5106	
	−2,425		−4,955 •	+0,4894	2
23	−4,084	: 2,029		−2,0140	
	+3,776		−2,477 •	−1,5246	3
34	−0,308	R			

$$\frac{R}{\omega^2} = -0{,}00381$$

Die Durchrechnung für $\omega = 10$ liefert eine Restkraft $R = +1{,}05$ kg, woraus zu ersehen ist, daß zwischen $\omega = 9$ und $\omega = 10$ $R = 0$ wird, eine Eigenkreisfrequenz

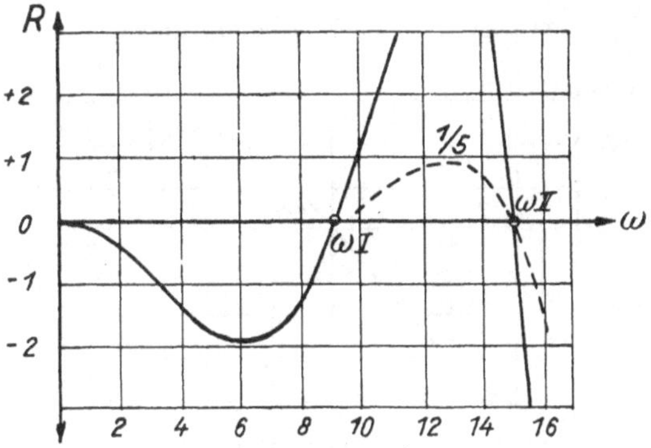

Abb. 47

vorhanden ist. Die zweite liegt zwischen 15 und 16. Trägt man die errechneten Restkräfte als Funktion von ω auf, so erhält man (Abb. 47) als Eigenfrequenzen $\omega_1 = 9{,}2$ und $\omega_2 = 15{,}2\ \mathrm{s}^{-1}$.

Um Maßstabsänderungen zu vermeiden, kann man zweckmäßiger $\frac{R}{\omega^2}$ als Funktion von ω auftragen[1]). Hierfür müssen wir noch untersuchen, welchen Wert $\frac{R}{\omega^2}$ für $\omega = 0$ annimmt. Die Weiterrechnung des allgemeinen Verfahrens führt nach Ordnen der Glieder auf eine Gleichung der Form:

$$R = -(m_1 + m_2 + m_3)\,\omega^2 + a\,\omega^4 + b\,\omega^6.$$

Es wird:

$$\frac{R}{\omega^2} = -(m_1 + m_2 + m_3) + a\,\omega^2 + b\,\omega^4$$

und

$$\lim_{\omega \to 0}\left(\frac{R}{\omega^2}\right) = -(m_1 + m_2 + m_3),$$

allgemein

$$\lim_{\omega \to 0}\left(\frac{R}{\omega^2}\right) = -\sum m_i.$$

Die $\frac{R}{\omega^2}$-Kurve ist in Abb. 48 wiedergegeben.

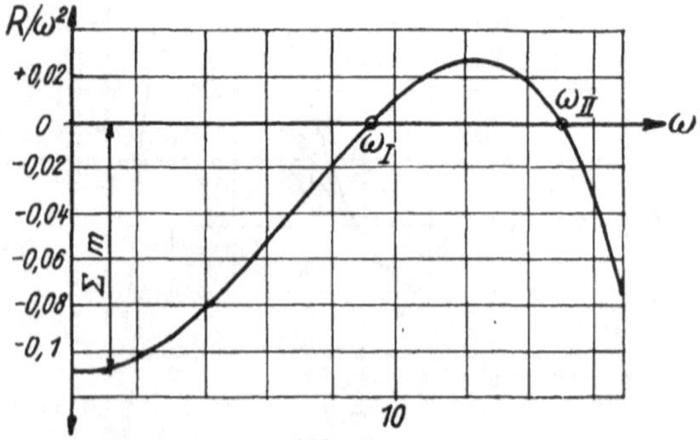

Abb. 48

Weitere Rechenschema finden sich in der Literatur. Tolle zeigte, daß bei einer Durchrechnung des Verfahrens

[1]) Vorschlag Tolle.

von beiden Massenenden aus (Vor- und Rückwärtsrechnung) bei Änderung von Massen und Federkonstanten das ganze Verfahren nicht nochmals durchzurechnen ist, sondern in einfacher Weise die dadurch hervorgerufenen Reständerungen ermittelt werden können; es ist ferner möglich, die Anlage unter Wirkung einer äußeren Kraft zu berechnen usw. Hierüber im zweiten Band bei den Torsionsschwingungen, für die das Verfahren aufgestellt wurde. Trotz der mannigfachen neuen Verfahren kann es auch heute noch für die praktische Durchführung als das Übersichtlichste und rechnerisch Einfachste bezeichnet werden.

3217 Systeme mit Übersetzungen im elastischen Teil

Zwischen den elastischen Gliedern und Massen sind Übersetzungen vorhanden, die eine Reduktion der Federkonstanten und der Massen erfordern.

Nach Abb. 49 besteht das System aus den beiden Massen m_1 und m_2, den elastischen Gliedern c_1 und c_2, die an einer masselosen Scheibe mit den Hebelarmen r_1 und r_2 angreifen.

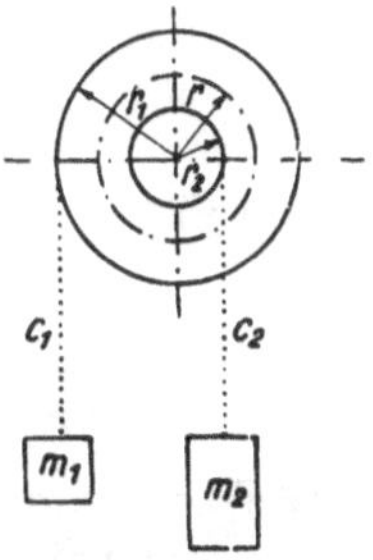

Abb. 49

Zur Umrechnung auf den gemeinsamen Hebelarm r gehen wir von der Energiegleichung aus.

Zu einer bestimmten Zeit habe die Masse m_1 den Ausschlag x_1. Die Gesamtenergie, bestehend aus der potentiellen Energie E_p und der kinetischen Energie E_k ist:

$$E = E_p + E_k = \frac{1}{2} c_1 x_1^2 + \frac{1}{2} m_1 \frac{d^2 x_1}{dt^2} . \qquad (329)$$

Für die auf r reduzierten Werte m_1^* und m_2^* lautet die Energiegleichung:

$$E^* = \frac{1}{2} c_1^* x_1^{*2} + \frac{1}{2} m_1^* \frac{d^2 x_1^*}{dt^2} .$$

Die Summe der Energie beider Systeme bleibt nur konstant, wenn $E_p^* = E_p$ und $E_k^* = E_k$ ist. Hieraus folgt:

$$m_1^* \frac{d^2 x_1^*}{d t^2} = m_1 \frac{d^2 x_1}{d t^2},$$

$$c_1^* x_1^* = c_1 x_1$$

und wegen

$$x_1^* : x_1 = r : r_1,$$

$$m_1^* = \left(\frac{r_1}{r}\right)^2 m_1, \qquad c_1^* = \left(\frac{r_1}{r}\right)^2 c_1. \tag{330}$$

In gleicher Weise erhält man:

$$m_2^* = \left(\frac{r_2}{r}\right)^2 m_2, \qquad c_2^* = \left(\frac{r_2}{r}\right)^2 c_2.$$

Zweckmäßig wählt man zur Reduktion $r = 1$, oder man reduziert den einen Teil auf den anderen.

Für die Reduktion von 2 auf 1 wird $r = r_1$ und

$$\begin{aligned} m_1^* &= m_1, & c_1^* &= c_1, \\ m_2^* &= \left(\frac{r_2}{r_1}\right)^2 m_1, & c_2^* &= \left(\frac{r_2}{r_1}\right)^2 c_2 \end{aligned} \tag{331}$$

oder für 1 auf 2, mit $r = r_2$:

$$\begin{aligned} m_1^* &= \left(\frac{r_1}{r_2}\right)^2 m_1, & c_1^* &= \left(\frac{r_1}{r_2}\right)^2 c_1, \\ m_2^* &= m_2, & c_2^* &= c_2. \end{aligned} \tag{332}$$

In Worten ausgedrückt: Man reduziert 1 auf 2, indem man m_1 und c_1 mit dem Quadrat des Übersetzungsverhältnisses von 1 auf 2 multipliziert.

Hierfür kann man auch schreiben:

$$[m]_1^2 = \left(\frac{r_1}{r_2}\right)^2 m_1, \qquad [c]_1^2 = \left(\frac{r_1}{r_2}\right)^2 c_1, \tag{333}$$

wenn, wie bei den Grenzen der Integralen $[\ ]_1^2$ bedeutet 1 auf 2, das Quadrat von r_1 auf r_2, also $\left(\frac{r_1}{r_2}\right)^2$ ist.

der einzelnen Taylorschen Entwicklungen unbedenklich weglassen.

$$\int_a^b f(x)\,dx + h\cdot A_1 \left|f(x)\right|_a^b + h^2\cdot A_2 \left|f'(x)\right|_a^b + h^3\cdot A_3 \left|f''(x)\right|_a^b + \cdots$$

$$= h\sum_{\nu=0}^{n-1} f(a+\nu h) + h^2\left(\frac{1}{2!}+A_1\right)\sum_{\nu=0}^{n-1} f'(a+\nu h) +$$

$$+ h^3\left(\frac{1}{3!}+\frac{A_1}{2!}+A_2\right)\sum_{\nu=0}^{n-1} f''(a+\nu h) + \cdots.$$

Da im allgemeinen das Integral einer Funktion leichter zu bestimmen ist als die Summe einer großen Zahl von Ordinaten f, kann man auch die Eulersche Summenformel dazu verwenden, diese Summe der Ordinaten angenähert durch jenes Integral und die Ableitungen der Funktion an den Enden des Intervalls auszudrücken.

Die Werte der Koeffizienten A_i ergeben sich sukzessive aus den Gleichungen

$$\frac{1}{2!}+A_1=0;\quad \frac{1}{3!}+\frac{A_1}{2!}+A_2=0;\quad \frac{1}{4!}+\frac{A_1}{3!}+\frac{A_2}{2!}+A_3=0;$$

$$\frac{1}{5!}+\frac{A_1}{4!}+\frac{A_2}{3!}+\frac{A_3}{2!}+A_4=0\ldots$$

$$A_1=-\frac{1}{2};\quad A_2=\frac{1}{12};\quad A_3=0;\quad A_4=-\frac{1}{720}\cdots$$

Die Annäherung mit Hilfe der Eulerschen Summenformel ist demnach:

$$\int_a^b f(x)\,dx \approx h\sum_{\nu=0}^{n-1} f(a+\nu h) + \frac{h}{2}\left|f(x)\right|_a^b - \frac{h^2}{12}\left|f'(x)\right|_a^b +$$

$$+ \frac{h^4}{720}\left|f'''(x)\right|_a^b \mp \cdots$$

B. Anwendung der Summenformel.

Für unsere Zwecke beschränken wir die Summenformel bis auf Glieder mit h^2 (eigentlich mit h^3, da $A_3 = 0$) und schreiben sie in der Form:

$$\int_0^{b-a} f(a+t)\,dt \approx h\sum_{\nu=0}^{n-1} f(a+\nu h) + \frac{h}{2}\Big|f(a+t)\Big|_0^{b-a} - \frac{h^2}{12}\Big|f'(a+t)\Big|_0^{b-a}.$$

a) Fall der jährlich vorschüssig zahlbaren lebenslänglichen Leibrente:

$$a = x,\quad b = \omega,\quad n = \omega - x,\quad h = 1;$$

$$f(a+t) = f(x+t) = \frac{D(x+t)}{D(x)};$$

$$t = 0,\quad f(x) = 1;\quad t = \omega - x,\quad f(\omega) = 0;$$

$$f'(a+t) = -(\delta + \mu(x+t))\cdot f(x+t);$$

$$t = 0,\quad f'(x) = -(\delta + \mu_x);\quad t = \omega - x,\quad f'(\omega) = 0;$$

gemäß unseren Festsetzungen über das Verhalten der Funktion $D(x+t)$ und deren Ableitung $D'(x+t)$ für $t = \omega - x$.

$$\int_0^{\omega - x} f(a+t)\,dt = \bar{\mathbf{a}}_x;\quad \sum_{\nu=0}^{\omega-x-1} f(a+\nu h) = \frac{\Sigma D_x}{D_x} = \mathbf{a}_x;$$

$$\bar{\mathbf{a}}_x \approx \mathbf{a}_x - \frac{1}{2} - \frac{1}{12}(\delta + \mu_x).$$

b) Fall der terminlichen vorschüssig zahlbaren lebenslänglichen Leibrente $\frac{1}{m}$.

$$a = x,\quad b = \omega,\quad n = m(\omega - x),\quad h = \frac{1}{m};$$

$$h\sum_{\nu=0}^{m(\omega-x)-1} f\left(a + \frac{\nu}{m}\right) = \frac{1}{m}\cdot\frac{\left(\Sigma D^{(m)}_{x+\frac{\nu}{m}}\right)}{D_x} = \mathbf{a}_x^{(m)};$$

$$\bar{\mathbf{a}}_x \approx \mathbf{a}_x^{(m)} - \frac{1}{2m} - \frac{1}{12m^2}(\delta + \mu_x).$$

Durch die Gleichsetzung dieser beiden Ausdrücke für $\overline{\mathbf{a}}_x$ erhalten wir die gewünschte angenäherte Darstellung des Wertes der terminlichen Leibrente $\mathbf{a}_x^{(m)}$ nach der Näherungsmethode III:

$$\mathbf{a}_x^{(m)} \approx \mathbf{a}_x - \frac{m-1}{2m} - \frac{m^2-1}{12m^2} \cdot (\delta + \mu_x).$$

c) Fall der mittleren ferneren Lebensdauer.

$$a = x, \quad b = \omega, \quad n = \omega - x, \quad h = 1; \qquad f(a+t) = \frac{l(x+t)}{l(x)};$$

$$t = 0, \quad f(x) = 1; \qquad t = \omega - x, \quad f(\omega) = 0;$$

$$f'(a+t) = -\frac{l(x+t) \cdot \mu(x+t)}{l(x)};$$

$$t = 0, \quad f'(x) = -\mu_x; \qquad t = \omega - x, \quad f'(\omega) = 0,$$

da wir für $l(x+t)$ und $l'(x+t)$ für $t = \omega - x$ den Wert 0 festgesetzt haben.

$$\int_0^{\omega - x} f(a+t)dt = \overline{e(x)}; \qquad \sum_{\nu=0}^{\omega-x-1} f(a+\nu h) = \frac{\Sigma l_x}{l_x} = e_x,$$

also

$$\overline{e_x} \approx e_x - \frac{1}{2} - \frac{1}{12} \cdot \mu_x = \overset{0}{e}_x - \frac{1}{12} \cdot \mu_x.$$

Da für terminliches Ausscheiden entsprechend

$$\overline{e_x} \approx e_x^{(m)} - \frac{1}{2m} - \frac{1}{12m^2} \cdot \mu_x = \overset{0}{e}{}_x^{(m)} - \frac{\mu_x}{12m^2},$$

ergibt sich durch Vergleich die folgende Annäherung der terminlichen Lebenserwartung nach der Näherungsmethode III:

$$e_x^{(m)} \approx e_x - \frac{m-1}{2m} - \frac{m^2-1}{12m^2} \cdot \mu_x.$$

IV. Kapitel.

Die Todesfallversicherung.

Eine Todesfallversicherung liegt vor, wenn im Fall des Todes eine bestimmte Summe fällig wird; im Gegensatz zu dem Risiko einen bestimmten Zeitpunkt zu erleben, erstreckt sich das Todesfallrisiko auf eine bestimmte Zeitdauer. Je nach der Art der Absterbeordnung wird man vereinbaren, daß die Summe am Ende des Sterbejahres bzw. des Sterbeabschnitts oder sofort beim Tod ausbezahlt wird.

§ 1. Die Risikoversicherung als Grundlage der Todesfallversicherung.

A. Die diskontierte Zahl der Toten.

Als diskontierte Zahl der Toten eines Jahres bzw. eines Abschnitts definieren wir:

$$C_{x+\nu} = v^{x+\nu+1} \cdot d_{x+\nu} = v \cdot {}_1q_{x+\nu} \cdot D_{x+\nu};$$

$$C_{x+\xi} = v^{x+\xi+\frac{1}{m}} \cdot d_{x+\xi} = \varphi \cdot {}_{\frac{1}{m}}q_{x+\xi} \cdot D_{x+\xi}.$$

In der Grenze erhalten wir die unendlich kleine diskontierte Zahl der Toten des Moments dt:

$$C(x+\tau)d\tau = -e^{-\delta(x+\tau)} \cdot dl(x+\tau) = \mu(x+\tau) \cdot D(x+\tau)d\tau.$$

Die Reihe der

$C_{x+\nu}(\nu = 0, 1, \ldots \omega - x - 1)$ endet mit $C_{\omega-1} = v \cdot D_{\omega-1}$,

$C_{x+\xi}\left(\xi = 0, \frac{1}{m}, \ldots \omega - x - \frac{1}{m}\right)$ endet mit $C_{\omega-\frac{1}{m}} = \varphi \cdot D_{\omega-\frac{1}{m}}$.

C_ω hat keinen Sinn; man kann ihm — wie $C(\omega)$ — formal den Wert 0 beilegen.

Das Verhalten der C_x ist vermöge der Zusammensetzung aus ${}_1q_x$ und D_x nicht eindeutig: zunächst Abnahme, dann Zunahme, von einem bestimmten Alter an jedoch beständige Abnahme*).

B. Die Risikoversicherung.

Vereinbart man, daß die Todesfallversicherung von Jahr zu Jahr, von Abschnitt zu Abschnitt, von Moment zu Moment durch die entsprechenden Einlagen erneuert wird, so stellen die Quotienten:

$$\mathfrak{P}_{x+\nu} = \frac{C_{x+\nu}}{D_{x+\nu}} = v \cdot {}_1q_{x+\nu} \qquad (\nu = 0, 1, \ldots \omega - x - 1)$$

$$\frac{1}{m}\mathfrak{P}_{x+\xi} = \frac{C_{x+\xi}}{D_{x+\xi}} = \varphi \cdot {}_{\frac{1}{m}}q_{x+\xi} \qquad \left(\xi = 0, \frac{1}{m}, \ldots \omega - x - \frac{1}{m}\right),$$

$$d\tau\, \mathfrak{P}(x+\tau) \doteq \frac{C(x+\tau)}{D(x+\tau)} = \mu(x+\tau)\, d\tau \qquad (0 \leqq \tau \underset{(=)}{<} \omega - x)$$

die entsprechenden Risikoprämien dar; man nennt sie auch „natürliche Prämien“, weil aus ihnen die Natur des Sterbefallrisikos besonders klar hervorgeht. Die Risikoversicherung ist die primitivste Form der Todesfallversicherung, am nächsten dem Umlageverfahren verwandt. Die Prämien werden zu Beginn der Zeitstrecke, für welche das Risiko übernommen werden soll, einbezahlt und verzinst; die Sterbefälle werden am Schluß der Zeitstrecke ausbezahlt; die gesamten Prämien sind damit aufgebracht; eine Reserve entsteht nicht; für die nächste Zeitstrecke ist ebenso zu verfahren. Die natürlichen Prämien nehmen wie die entsprechenden Sterbenswahrscheinlichkeiten mit

*) Vgl. Sterbetafel M. W. I. 3½%, Tab. 10, s. S. 204/5; auch V. M. I., S. 148/49 und Tab. 12, S. 45.

dem Alter zu; das Verfahren, sich gegen eine solche beständig steigende Prämie gegen Todesfall zu versichern, hat alle (Vor- und) Nachteile des Umlageverfahrens.

§ 2. Die terminliche und die kontinuierliche Todesfallversicherung.

Wie bei der Leibrente unterscheidet man:

A. Die sofort beginnende lebenslängliche Todesfallversicherung.

B. Die aufgeschobene lebenslängliche Todesfallversicherung.

C. Die abgekürzte Todesfallversicherung.

Fügt man zu der letzteren noch die entsprechende Erlebensfallversicherung hinzu, so erhält man:

D. Die gemischte Versicherung oder die Versicherung auf Ab- und Erleben.

A. Die sofort beginnende lebenslängliche Todesfallversicherung.

a) Die Versicherungssumme wird am Ende des Sterbejahres ausbezahlt.

(Vgl. V. M. I. Kap. II, § 4c S. 46)

$$A_x = \frac{\sum C_x}{D_x} = \frac{M_x}{D_x}.$$

Infolge der Identität $C_x = -\Delta D_x - d D_x$ ist

$$\sum C_x = \quad D_x - d \sum D_x$$

und damit

$$A_x = 1 - d \cdot \mathrm{a}_x,$$

d. h. die Sterbefallsumme 1 könnte dem Versicherungsnehmer gleich bei seinem Eintritt gegen die Einmalprämie A_x zunächst als verzinsbares Darlehen ausgehändigt werden; der entsprechende Zins ist bis zum Eintritt des Todes vorschüssig in der Höhe d zu entrichten; erst am Ende des Sterbejahres ginge die Summe endgültig in seinen Besitz über.

b) Die Versicherungssumme wird am Ende des Sterbeabschnitts ausbezahlt.

Entsprechend ist

$$A_x^{(m)} = \frac{\sum C_x^{(m)}}{D_x} = \frac{M_x^{(m)}}{D_x}.$$

Aus

$$C_x^{(m)} = -\Delta D_x^{(m)} - \frac{d\,m}{m} \cdot D_x^{(m}$$

und

$$\sum C_x^{(m)} = \qquad D_x - \frac{d\,m}{m} \sum D_x^{(m)}$$

folgt

$$A_x^{(m)} = 1 - d_m \cdot \mathrm{a}_x^{(m)}.$$

(Erklärung ähnlich wie unter a)!)

c) Die Versicherungssumme wird sofort beim Tod ausbezahlt.

In der Grenze gilt: $\overline{A}_x = 1 - \delta \cdot \overline{\mathrm{a}_x}$; stellen wir den Wert $\overline{A}_x$ direkt auf, so erhalten wir durch partielle Integration dasselbe Ergebnis:

$$\overline{A(x)} = \frac{1}{l(x)} \int\limits_0^{\omega - x} v^t \cdot l(x+t)\mu(x+t)\,dt$$

$$= \frac{1}{D(x)} \int\limits_0^{\omega - x} D(x+t)\mu(x+t)\,dt = \frac{\int\limits_0^{\omega - x} C(x+t)\,dt}{D(x)} = \frac{M(x)}{D(x)}$$

oder infolge $l(x+t)\cdot\mu(x+t)dt = -dl(x+t)$

$$\overline{A(x)} = -\frac{1}{D(x)}\int_0^{\omega-x} e^{-\delta(x+t)}dl(x+t)$$

$$= \left|\frac{-D(x+t)}{D(x)}\right|_0^{\omega-x} - \delta\int_0^{\omega-x}\frac{D(x+t)}{D(x)}dt = 1-\delta\cdot\overline{\mathbf{a}}_x.$$

Diese Relation besagt: Der Versicherte hat die ihm gegen die Einmalprämie $\overline{A}_x$ vorläufig als Darlehen ausbezahlte Versicherungssumme 1 bis zu seinem Tode mit dem Jahresbetrag δ kontinuierlich zu verzinsen.

Die Abnahme der Summe (des Integrals) M über die diskontierten Toten C ist charakterisiert durch C selbst:

$$-\frac{\Delta M_{x+n}}{\Delta n} = C_{x+n}; \qquad -\frac{\Delta M_{x+\xi}}{\Delta\xi} = C_{x+\xi};$$

$$-\frac{dM(x+t)}{dt} = C(x+t).$$

d) Bemerkung über die Funktion $C(x) = D(x)\cdot\mu(x)$.

Während die diskontierte Zahl der Lebenden vermöge der Beziehung: $v = \varphi^m = e^{-\delta}$ die einheitliche Form $D(x+t) = v^{x+t}\cdot l(x+t)$ aufweist, weicht die diskontierte Zahl der Toten $C(x+t)dt = D(x+t)\cdot\mu(x+t)dt$ in der Form etwas von den beiden Ausdrücken

$$C_{x+n} = v\cdot {}_1q_{x+n}\cdot D_{x+n} \quad \text{bzw.} \quad C_{x+\xi} = \varphi\cdot {}_{\frac{1}{m}}q_{x+\xi}\cdot D_{x+\xi}$$

ab. Es ist leicht zu zeigen, daß letzteres in der Grenze in die obige Form übergeht. Nach Kap. III, § 1, Ab) ist

$$C_{x+\xi} = \left(-\frac{\Delta D_{x+\xi}}{D_{x+\xi}} - \frac{d_m}{m}\right)\cdot D_{x+\xi},$$

geht also in der Grenze über in

$$\left(-\frac{dD(x+t)}{D(x+t)\,dt}-\delta\right)D(x+t)\,dt$$
$$=\bigl(\mu(x+t)+\delta-\delta\bigr)\cdot D(x+t)\,dt=C(x+t)\,dt.$$

e) Die Änderung der Einmalprämie mit dem Alter.

α) Auf Grund der Relation $A_{x+n}=1-d\cdot \mathbf{a}_{x+n}$ erhalten wir aus der Differenzengleichung (Kap. III, § 2, Ac) für $\mathbf{a}_{x+n}$ die folgende Differenzengleichung für

$$A_{x+n}=\frac{\sum C_{x+n}}{D_{x+n}}\ (n=0,1,\ldots\omega-x-1):$$

$$\frac{\Delta A_{x+n}}{\Delta n}-\left(d+\frac{C_{x+n}}{D_{x+n}}\right)\cdot\frac{D_{x+n}}{D_{x+n+1}}\cdot A_{x+n}=\frac{-C_{x+n}}{D_{x+n+1}}.$$

A_{x+n} nimmt mit n zu und erreicht seinen Höchstwert für $n=\omega-x-1$: nämlich

$$A_{\omega-1}=\frac{C_{\omega-1}}{D_{\omega-1}}=v$$

entsprechend dem Mindestwert $\mathbf{a}_{\omega-1}=1$ von $\mathbf{a}_{x+n}$ für $n=\omega-x-1$.

β) Entsprechendes gilt für $A^{(m)}_{x+\xi}$.

γ) Bei sofortiger Auszahlung der Sterbefallsumme erhalten wir die Differentialgleichung:

$$\frac{d\overline{Ax(+t)}}{dt}-\bigl(\delta+\mu(x+t)\bigr)\cdot\overline{A(x+t)}=-\mu(x+t)$$

mit der allgemeinen Lösung:

$$\overline{A(x+t)}=\int\limits_0^{\omega-x-t}\mu(x+t+\tau)\cdot e^{-\int\limits_0^{\tau}(\delta+\mu(x+t+\tau'))\,d\tau'}\,d\tau$$

gültig für $0\leqq t\underset{(=)}{<}\omega-x$.

Für $t = \omega - x$ verliert $A(\omega)$ seinen Sinn; man kann ihm formal entsprechend $\bar{\mathbf{a}}_\omega = 0$ den Wert $\overline{A_\omega} = 1$ beilegen: die Sterbesumme wird sofort fällig.

B. und C. Die aufgeschobene lebenslängliche und die abgekürzte Todesfallversicherung.

Diese beiden Arten ergänzen sich zur sofort beginnenden lebenslänglichen Todesfallversicherung (A) und unterscheiden sich von derselben nur durch die Grenzen der Summationen bzw. Integration.

(Vgl. V. M. I. Kap. II, § 4d, e, S. 48.)

D. Die gemischte Versicherung.

Man kann diese Versicherung entweder aus der abgekürzten Todesfallversicherung und der dazugehörigen Erlebensfallversicherung zusammensetzen oder ihr gemäß den Ausführungen Kap. III, § 2Cb die Form einer lebenslänglichen Todesfallversicherung geben.

a) Jährliche Auszahlung.

Hier gilt die entsprechende Relation

$$A_{x\overline{n|}} = 1 - d \cdot \mathbf{a}_{x\overline{n|}}$$

zwischen Einmalprämie und Rentenbarwert.

$$A_{x\overline{n|}} = \frac{M_x - M_{x+n} + D_{x+n}}{D_x} = \frac{D_x - d \cdot (N_x - N_{x+n})}{D_x}$$

wegen

$$M_x = D_x - d \cdot N_x.$$

(Vgl. V. M. I. Kap. II, § 4f S. 49/52 u. § 6b S. 63/4).

Bei Einführung der Ausscheidetafel mit $\omega' = x + n$ ist

$$d'_{x+\nu} = d_{x+\nu}\ (\nu = 0, 1, 2, \ldots n-2);$$

für $\nu = n - 1$ ist $d'_{\omega-1} = d_{x+n-1} + l_{x+n} = l_{\omega'-1}$;

$$C'_{x+\nu} = C_{x+\nu} = v \cdot D_{x+\nu} - D_{x+\nu+1}\ (\nu = 0, 1, 2, \ldots n-2);$$

für $\nu = n - 1$ ist $C'_{\omega'-1} = v \cdot D_{\omega'-1}$.

$$M_x - M_{x+n} + D_{x+n} = M'_x = \sum C'_x$$

(die Summe geht bis an das Ende der Ausscheidetafel);

$$A_{x\overline{n}|} = \frac{\sum C'_x}{D_x} = A'_x = \frac{D_x - d\sum D'_x}{D_x} = 1 - d \cdot \mathrm{a}'_x = 1 - d \cdot \mathrm{a}_{x\overline{n}|}\,.$$

b) Terminliche Auszahlung.

Hier ist entsprechend zu verfahren.

c) Die kontinuierliche gemischte Versicherung.

$$\bar{A}_{x\overline{t}|} = \int_0^t \frac{C(x+\tau)\,d\tau}{D(x)} + \frac{D(x+t)}{D(x)}$$

$$= \frac{M(x) - M(x+t) + D(x+t)}{D(x)}$$

$$= -\int_0^t \frac{e^{-\delta(x+\tau)} d\,l(x+\tau)}{D(x)} + \frac{D(x+t)}{D(x)}$$

$$= \left| -\frac{D(x+\tau)}{D(x)} \right|_0^t - \delta \int_0^t \frac{D(x+\tau)\,d\tau}{D(x)} + \frac{D(x+t)}{D(x)}$$

$$= 1 - \delta \cdot \bar{\mathrm{a}}_{x\overline{t}|}\,;$$

das gleiche Ergebnis erzielen wir durch den bekannten Grenzübergang aus b).

Führt man eine besondere Ausscheideordnung ein, welche im ganzen Intervall $0 \leqq \tau < t$ mit der kontinuierlichen Sterbetafel übereinstimmt, am Schluß jedoch das momentane Ausscheiden aller noch vorhandenen Lebenden $l(x+t)$ vorsieht, so sind von den im Alter x eingetretenen $l(x)$ alle bis zum Zeitpunkt $\omega' = x + t$ entweder infolge Tod oder Erleben ausgeschieden:

$$l(x) = \int_0^t l(x+\tau)\,\mu(x+\tau)\,d\tau + l(x+t).$$

Durch die Verwendung eines Stieltjesschen Integrals kann auch formal eine Übereinstimmung mit der sofort beginnenden lebenslänglichen kontinuierlichen Todesfallversicherung hergestellt werden.

§ 3. Näherungsmethoden zur Bestimmung des Wertes der terminlichen und der kontinuierlichen lebenslänglichen Todesfallversicherung.

Man könnte auf Grund der Relation zwischen A und $\mathbf{a}$ durch Verwendung der Näherungswerte für $\mathbf{a}$ (Kap. III, § 3) auch für A solche Näherungswerte erhalten. Tatsächlich ergibt sich auf diese Weise bei der Näherungsmethode II (und nur bei dieser) derselbe Näherungswert. Man hat jedoch noch andere Näherungsmethoden entwickelt, die den Charakter der einmaligen Auszahlung besonders hervorheben.

Näherungsmethode Ia:

Der in Kap. III, § 3 verwendete Gedanke der Näherungsmethode I: die Werte $\mathbf{a}_x$ und a_x linear zu interpolieren und den Durchschnitt der interpolierten Werte zu bilden, führt zur Aufstellung des Wertes $\mathfrak{A}_x$ einer Todesfallversicherung, bei welcher die Sterbefallsumme 1 **zu Beginn** des Sterbejahres, also um $\frac{m}{m} = 1$ Jahr früher als bei der gewöhnlichen Todesfallversicherung, ausbezahlt wird:

$$\mathfrak{A}_x = r \cdot A_x = 1 - i \cdot a_x,$$

d. h. man zahlt dem Versicherten gegen die Einlage $\mathfrak{A}_x$ die Summe 1 als Darlehen aus mit der Verpflichtung, dasselbe nachschüssig auf Lebenszeit zu verzinsen.

Die lineare Interpolation zwischen A_x und $\mathfrak{A}_x = (1 + i)\, A_x$ führt für eine Sterbefallzahlung 1 jeweils am Ende des Sterbeabschnitts zu dem durchschnittlichen Wert:

$$A_x^{(m)} \approx \left(1 + \frac{1}{m} \sum_{\nu=1}^{m} \frac{m - \nu}{m} \cdot i\right) A_x = \left(1 + \frac{m-1}{2m} \cdot i\right) A_x .$$

Für $m = \infty$ erhalten wir den Näherungswert

$$\overline{A}_x \approx \left(1 + \frac{i}{2}\right) A_x ,$$

der in der Praxis öfters angewendet wird.

Näherungsmethode Ib:

Man geht auch hier davon aus, daß bei der Auszahlung der Sterbefallsumme 1 am Ende des ν-ten Abschnitts diese um $m - \nu$ Abschnitte früher erfolgt als bei der Auszahlung am Jahresende, also bei Auszahlung an irgendeinem Abschnittsende durchschnittlich um

$$\frac{1}{m} \sum_{1}^{m} \frac{m - \nu}{m} = \frac{m - 1}{2m}$$

Jahre früher als am Jahresende.

Nachdem aber eine Zahlung 1 in diesem Zeitpunkt einer Zahlung

$$r^{\frac{m-1}{2m}} = \varrho^{\frac{m-1}{2}}$$

am Jahresende äquivalent ist, so kann man nach dieser Methode $A_x^{(m)}$ durch eine gewöhnliche Todesfallversicherung auf die Summe $r^{\frac{m-1}{2m}}$ — zahlbar am Ende des Sterbejahres — annähern.

Auf diese Weise erhalten wir den gegenüber Ia verbesserten Näherungswert Ib:

$$A_x^{(m)} \approx A_x \cdot r^{\frac{m-1}{2m}} .$$

Für $m \to \infty$ erhalten wir die Annäherung:

$$\overline{A}_x \approx r^{\frac{1}{2}} \cdot A_x,$$

welche in der Praxis häufig verwendet wird.

Bei sofortiger Auszahlung der Sterbefallsumme erfolgt sie durchschnittlich um

$$\int_0^1 (1-t)\, dt = \tfrac{1}{2} \text{ Jahr}$$

früher als bei der gewöhnlichen Todesfallversicherung.

Näherungsmethode II:

Diese Methode ist der bei der Leibrente verwendeten Methode II völlig entsprechend. Eine Sterbefallzahlung 1 am Ende des ν-ten Abschnittes ist äquivalent einer Zahlung $\varrho^{m-\nu}$ am Jahresende. Unter der ausdrücklich gemachten Annahme, daß am Ende eines jeden Abschnitts eines Jahres gleichviel Sterbefälle

$$\frac{d_x}{m} = \frac{l_x - l_{x+1}}{m}$$

eintreten, ist

$$\frac{1}{m} \sum_{\nu=1}^{m} \varrho^{m-\nu} \cdot d_x = \frac{r}{m} \sum_{\nu=1}^{m} \varphi^{\nu} \cdot d_x = r \cdot \frac{iv}{j} \cdot d_x = \frac{i}{j} \cdot d_x$$

die äquivalente Sterbefallzahlung insgesamt am Jahresende anläßlich der insgesamt d_x Sterbefälle dieses Jahres. Wir erhalten somit folgenden Näherungswert für $A_x^{(m}$

$$A_x^{(m)} \approx \frac{i}{j} \cdot A_x.$$

Für $m = \infty$ ergibt sich also

$$\overline{A}_x \approx \frac{i}{\delta} \cdot A_x;$$

denselben Faktor i/δ erhalten wir aus

$$\int_0^1 r^{1-\tau}\, d\tau = r \int_0^1 e^{-\delta\tau}\, d\tau = \frac{e^{\delta} - 1}{\delta} = \frac{i}{\delta}.^{1)}$$

---

1) Unter der Annahme einer gleichmäßigen (stetigen) Verteilung der dx Sterbefälle auf das Alter x bis $x + 1$.

Diese Summe, fällig am Ende des Sterbejahres, ist also äquivalent einer Sterbefallzahlung 1 fällig sofort beim Tod.

Zusätze: 1. Die Relationen

$$\mathfrak{a}_x^{(m)} \approx \frac{1 - A_x^{(m)}}{d_m}; \qquad \overline{\mathfrak{a}_x} = \frac{1 - \overline{A_x}}{\delta}$$

bestehen auch noch zwischen den nach der Methode II erhaltenen Näherungswerten für $\mathfrak{a}_x^{(m)}$ und $A_x^{(m)}$ bzw. $\overline{\mathfrak{a}_x}$ und $\overline{A_x}$:

$$\text{a)} \quad \mathfrak{a}_x^{(m)} \approx \frac{i \cdot d}{j_m \cdot d_m} \cdot \mathfrak{a}_x - \frac{i - j_m}{j_m \cdot d_m}; \qquad A_x^{(m)} \approx \frac{i}{j_m} \cdot A_x .$$

Durch Berücksichtigung von $\mathfrak{a}_x = \frac{1 - A_x}{d}$ ergibt sich, daß in der Tat

$$\mathfrak{a}_x^{(m)} = \frac{1 - A_x^{(m}}{d_m}$$

auch für die Näherungswerte gilt.

$$\text{b)} \quad \overline{\mathfrak{a}_x} \approx \frac{i \cdot d}{\delta^2} \cdot \mathfrak{a}_x - \frac{i - \delta}{\delta^2}; \qquad \overline{A_x} \approx \frac{i}{\delta} \cdot A_x .$$

Da $\mathfrak{a}_x = \frac{1 - A_x}{d}$, erhält man $\overline{\mathfrak{a}_x} = \frac{1 - \overline{A_x}}{\delta}$ auch gültig für die Näherungswerte.

Dieses Ergebnis war zu erwarten, da bei den beiden Ableitungen der entsprechenden Näherungswerte

1. dieselbe Annahme einer gleichmäßig [abschnittsweise bzw. stetig] vor sich gehenden Abnahme der Lebenden während eines Jahres gemacht wurde

und

2. die Abschnitts- bzw. Momentzahlungen in gleicher Weise diskontiert wurden.

3. Vergleich dieser 3 Näherungsmethoden:

Wir wollen diesen Vergleich nur für den Fall $m = 12$ und $m = \infty$ auf 5 Dezimalstellen genau durchführen und geben in der folgenden **Tabelle e** die äquivalenten Sterbefallzahlungen:

Tabelle e.

	Methode I a	Methode I b	Methode II
$m = 12$	$1 + \frac{m-1}{2m} \cdot i$	$(1+i)^{\frac{m-1}{2m}}$	i/j_m
3 %	1,01375	1,01364	1,01368
$3^1/_2$%	1,01604	1,01589	1,01594
4 %	1,01833	1,01814	1,01821
$4^1/_2$%	1,02064	1,02038	1,02046
5 %	1,02292	1,02261	1,02272
$m = \infty$	$1 + i/2$	$(1+i)^{1/2}$	i/δ
3 %	1,01500	1,01489	1,01493
$3^1/_2$%	1,01750	1,01735	1,01740
4 %	1,02000	1,01980	1,01987
$4^1/_2$%	1,02250	1,02225	1,02233
5 %	1,02500	1,02469	1,02480

§ 4. Näherungsmethode III unter Verwendung der Eulerschen Summenformel.

Eine unmittelbare Anwendung der Eulerschen Summenformel etwa auf die Funktion

$$\frac{C(x+t)}{D(x)} = \frac{\mu(x+t)\,D(x+t)}{D(x)}$$

ist nicht angängig, da diese Funktion für diskrete Werte von x und t nicht in

$\frac{C_{x+n}}{D_x}\left(\text{bzw. } \frac{C_{x+\xi}}{D_x}\right)$ übergeht, wenn auch $\frac{C_{x+\xi}}{D_x}$ in der Grenze den Wert $\frac{C(x+t)}{D(x)}\,dt$ annimmt.

(Vgl. Kap. IV, § 2 Ad.)

Wir wollen in diesem Fall den umgekehrten Weg gehen und eine kontinuierliche Todesfallversicherung konstruieren, welche einer gewöhnlichen Todesfallversicherung völlig gleichwertig ist, bei der die Sterbefallsumme 1 am Ende des Sterbejahres bzw. Sterbeabschnitts geleistet wird.

a) Jährliche Auszahlung.

Die Wahrscheinlichkeit für einen x-jährigen nach $n + t$ Jahren $(n = 0, 1, \ldots \omega - x - 1)$ $(0 \leqq t \leqq 1)$ zu sterben, ist

$$_{n+t}p_x \cdot \mu(x + n + t)dt = \frac{l(x + n + t)\mu(x + n + t)dt}{l(x)}.$$

Soll in diesem Fall die Auszahlung der Summe 1 nicht sofort, sondern erst am Ende des Jahres erfolgen, so ist dies äquivalent mit einer Zahlung v^{1-t} sofort beim Tod.

Die Grundfunktion dieser Art von kontinuierlicher Todesfallversicherung ist

$$\frac{e^{-\delta(1-t)} \cdot \mu(x+n+t) D(x+n+t) dt}{D(x)} = \frac{v \cdot e^{\delta t} \cdot C(x+n+t) dt}{D(x)}.$$

Diese Grundfunktion ist über die einzelnen Jahre zu summieren $(n = 0, 1, \ldots \omega - x - 1)$ und innerhalb der einzelnen Jahre von 0 bis 1 zu integrieren $(0 \leqq t \leqq 1)$. Der Wert dieser kontinuierlichen Todesfallversicherung ist also

$$A_x \equiv \frac{v \sum_{n=0}^{\omega-x-1} \int_0^1 e^{\delta t} C(x + n + t) dt}{D(x)}.$$

Die Versicherungssumme $v \cdot e^{\delta t}$ nimmt im Laufe eines jeden Jahres stetig von v bis 1 zu (vgl. Kap. V, § 4 S. 95).

Den Wert der rechten Seite können wir nur angenähert bestimmen, indem wir $e^{\delta t}$ näherungsweise durch $1 + \delta t$

ersetzen. Führen wir noch als Integrationsvariable $\vartheta = n + t$ ein, dann ist näherungsweise

$$A_x \approx v \cdot (J_1 + \delta(J_2 - J_3)).$$

Die einzelnen Funktionen J_1, J_2 und J_3 haben die folgende Bedeutung:

$$J_1 = \sum_{n=0}^{\omega-x-1} \int_n^{n+1} \frac{C(x+\vartheta)\,d\vartheta}{D(x)} = \overline{A_x}.$$

(Einmalprämie der kontin. l.l. Todesfallversicherung mit der gleichbleibenden Summe 1.)

$$J_2 = \sum_{n=0}^{\omega-x-1} \int_n^{n+1} \vartheta \cdot \frac{C(x+\vartheta)\,d\vartheta}{D(x)} = \overset{<}{\overline{A_x}}.$$

(Einmalprämie der kontin. l.l. Todesfallversicherung mit der stetig steigenden Summe ϑ);

$$\text{mit} \quad u = \vartheta, \quad \frac{dv}{d\vartheta} = \frac{C(x+\vartheta)}{D(x)}$$

wird durch partielle Integration

$$J_2 = \int_0^{\omega-x} \int_0^{\omega-x-\vartheta} \frac{C(x+\vartheta+\eta)\,d\vartheta\,d\eta}{D(x)}$$

$$= \int_0^{\omega-x} \frac{\overline{A_{x+\vartheta}}\,D(x+\vartheta)\,d\vartheta}{D(x)} = \int_0^{\omega-x} {}_{\vartheta|}\overline{A_x}\,d\vartheta.$$

Für jeden Moment kommt eine von da an laufende kontin. l.l. Todesfallversicherung auf die Summe $d\vartheta$ hinzu, deren Wert zu Beginn der Versicherung ${}_{\vartheta|}\overline{A_x}\,d\vartheta$ ist.

$$J_3 = \sum_{n=0}^{\omega-x-1} {}_n\int_n^{n+1} \frac{C(x+\vartheta)\,d\vartheta}{D(x)}$$

$$= \sum_{n=0}^{\omega-x-1} \int_n^{\omega-x} \frac{C(x+\vartheta)\,d\vartheta}{D(x)} - \int_0^{\omega-x} \frac{C(x+\vartheta)\,d\vartheta}{D(x)}$$

$$= \sum_{n=0}^{\omega-x-1} \frac{D(x+n)\,\overline{A}_{x+n}}{D(x)} - \overline{A}_x = \sum_{n=0}^{\omega-x-1} {}_{n|}\overline{A}_x - \overline{A}_x.$$

Die Summe $\sum_{n=0}^{\omega-x-1} {}_{n|}\overline{A}_x$ von Funktionswerten ${}_{n|}\overline{A}_x$ kann nun mit Hilfe der **Eulerschen** Summenformel angenähert werden.

$$a = x,\quad b = \omega,\quad n = \omega - x,\quad h = 1;\quad f(x+t) = {}_{t|}\overline{A}_x;$$

$$t = 0,\quad f(x) = \overline{A}_x;\quad t = \omega - x,\quad f(\omega) = 0.$$

$$f'(x+t) = \frac{-C(x+t)}{D(x)} = \frac{-D(x+t)\,\mu(x+t)}{D(x)};$$

$$t = 0,\quad f'(x) = -\mu(x);\quad t = \omega - x,\quad f'(\omega) = 0.$$

$$J_3 = J_2 + \frac{1}{2}\overline{A}_x + \frac{1}{12}\mu(x) - \overline{A}_x \quad \text{also} \quad J_2 - J_3 \approx \frac{1}{2}\overline{A}_x - \frac{\mu(x)}{12}$$

Auf Grund der Annäherung $e^{\delta t} \approx 1 + \delta t$ ergibt sich demnach mit Hilfe der **Eulerschen** Summenformel die folgende angenäherte Darstellung für A_x:

$$A_x \approx v \cdot \left(\overline{A}_x\left(1 + \frac{\delta}{2}\right) - \frac{\delta \cdot \mu_x}{12}\right),$$

also umgekehrt

$$\overline{A}_x \approx \frac{r \cdot A_x + \frac{\delta \cdot \mu_x}{12}}{1 + \frac{\delta}{2}}.$$

b) Terminliche Auszahlung.

Die entsprechende Grundfunktion

$$\frac{e^{-\left(\frac{1}{m}-t\right)\delta} \cdot \mu(x+n+\frac{s}{m}+t) \cdot D(x+n+\frac{s}{m}+t)\,dt}{D(x)} =$$

$$= \varphi \cdot \frac{C(x+n+\frac{s}{m}+t)e^{\delta t}}{D(x)} \cdot dt$$

ist zu summieren über alle Abschnitte $\begin{pmatrix} n = 0, 1, \ldots \omega - x - 1 \\ s = 0, 1, \ldots m - 1 \end{pmatrix}$ und innerhalb eines jeden Abschnitts von 0 bis $\frac{1}{m}$ zu integrieren. Die beiden Summationen lassen sich vereinigen, wenn man $s' = m \cdot n + s$ setzt: $s' = 0, 1, \ldots, m(\omega - x) - 1$. Das Ergebnis ist die Annäherung:

$$A_x^{(m)} \approx \varphi \cdot \left(\overline{A}_x\left(1 + \frac{\delta}{2m}\right) - \frac{\delta \cdot \mu_x}{12m^2}\right),$$

also umgekehrt:

$$\overline{A}_x \approx \frac{\varrho \cdot A_x^{(m)} + \frac{\delta \cdot \mu_x}{12m^2}}{1 + \frac{\delta}{2m}}.$$

Durch Gleichsetzung der beiden Ausdrücke für $\overline{A_x}$ ergibt sich für $A_x^{(m)}$ die Näherung:

$$A_x^{(m)} \approx A_x \frac{\varphi\left(1+\frac{\delta}{2m}\right)}{v\left(1+\frac{\delta}{2}\right)} + \frac{\varphi \cdot \delta \cdot \mu_x}{12} \cdot \left(\frac{1+\frac{\delta}{2m}}{1+\frac{\delta}{2}} - \frac{1}{m^2}\right).$$

§ 5. Die vollständige Rente.

(Ergänzung zu Kap. III und Kap. IV.)

a) Jährliche Zahlung:

Bei der in Kapitel III betrachteten nachschüssigen Leibrente mit dem Barwert a_x wird am Ende des Sterbejahres des Versicherten keine Leistung mehr fällig. Da dadurch Härten entstehen, wurde von manchen Versicherungsgesellschaften die Zahlung einer sofort beim Tode fälligen zusätzlichen Zahlung eingeführt, deren Höhe dem seit dem letzten Zahlungstermin verflossenen Teil des Sterbejahres entspricht.

I. Annäherung: Unter der Annahme, daß die Todesfälle eines Jahres durchschnittlich in der Mitte desselben erfolgen, tritt zu der vereinbarten nachschüssigen Leibrente eine Todesfallversicherung auf die sofort beim Tod fällige Summe $\frac{1}{2}$ [äquivalent einer Summe $\frac{1}{2} \cdot r^{1/2}$, fällig am Ende des Sterbfalljahres]:

$$a_x^0 \approx a_x + \tfrac{1}{2} \cdot A_x \cdot r^{1/2} = a_x + \tfrac{1}{2}\overline{A_x}$$

(gemäß der Näherungsmethode Ib, Kap. IV, § 3 S. 78).

II. Annäherung: Verteilt man die Todesfälle eines Jahres gleichmäßig auf die ganze Zeit, so ist eine Sterbfallzahlung τ fällig beim Tode, der nach Ablauf von $0 < \tau < 1$ Jahren seit der letzten Rentenzahlung erfolgt, äquivalent einer Zahlung $\tau \cdot r^{1-t} = r \cdot \tau \cdot v^{\tau}$ [Kap. I, § 6 (6) S. 29; Fall $t = 1$] fällig am Schluß des Jahres; der Mittelwert

$$r \int_0^1 \tau v^{\tau} d\tau = \frac{i-\delta}{\delta^2}$$

stellt die Summe dar, auf welche — fällig am Ende des Jahres — eine zusätzliche Todesfallversicherung zu nehmen ist, um die nachschüssige Leibrente zu einer vollständigen Rente zu ergänzen.

$$a_x^0 \approx a_x + \frac{i-\delta}{\delta^2} A_x .$$

Führt man auch hier den nun nach der Näherungsmethode II in Kap. IV, § 3 berechneten Wert $\overline{A}_x \approx \frac{i}{\delta} A_x$ ein, so erhält man die Annäherung:

$$a_x^0 \approx a_x + \frac{i-\delta}{i\delta} \overline{A}_x .$$

III. Der exakte Wert

$$\frac{\sum\limits_{n=0}^{\omega-x-1} \int\limits_0^1 \tau \cdot C(x+n+\tau)\, d\tau}{D(x)}$$

der zusätzlichen Todesfallversicherung zeigt, daß bei derselben jedes Jahr die versicherte Sterbfallsumme von 0 bis 1 zunimmt. Gemäß den Ausführungen in Kap. IV, § 4a kann für seinen Wert $J_2 - J_3$ auf Grund der Euler-MacLaurinschen Summenformel angenähert $\frac{1}{2}\overline{A}_x - \frac{1}{12}\mu_x$ gesetzt werden

$$a_x^0 \approx a_x + \frac{1}{2}\overline{A}_x - \frac{1}{12}\mu_x .$$

b) Terminliche Zahlung:

Die Überlegungen sind dieselben wie unter a) und führen zu den folgenden Ergebnissen:

I. $$a_x^{(m)0} \approx a_x^{(m)} + \frac{1}{2m} \cdot A_x^{(m)} \cdot r^{\frac{1}{2m}} = a_x^{(m)} + \frac{1}{2m}\overline{A}_x .$$

II. Der entsprechende Mittelwert über den $s+1$. Abschnitt ist

$$r \cdot \varphi^s \int\limits_0^{\frac{1}{m}} \tau \cdot v^\tau\, dt = r \cdot \varphi^s \cdot \frac{\varphi(j_m - \delta)}{m\,\delta^2} \quad \left[\text{Kap. I, § 6 (6)}: t = \frac{1}{m}\right].$$

Unter Berücksichtigung von

$$\sum_{s=0}^{m-1} \varphi^s = \frac{d \cdot m}{j_m \cdot \varphi} \qquad \text{(Kap. I, § 3b)}$$

erhalten wir

$$\dot{a}_x^{(m)0} \approx a_x^{(m)} + \frac{i(j_m - \delta)}{j_m \cdot \delta^2} \cdot A_x \approx a_x^{(m)} + \frac{j_m - \delta}{j_m \cdot \delta} \cdot \overline{A}_x .$$

III. Der exakte Wert

$$\frac{\sum_{n=0}^{\omega-x-1} \sum_{s=0}^{m-1} \int_0^{\frac{1}{m}} \tau \cdot C\left(x + n + \frac{s}{m} + \tau\right) d\tau}{D(x)}$$

(in jedem Abschnitt wächst die zusätzliche Sterbfallsumme von 0 bis $\frac{1}{m}$!) nämlich $J_2^{(m)} - J_3^{(m)}$ gibt durch die Verwendung der Eulerschen Summenformel den Näherungswert

$$a_x^{(m)0} \approx a_x^{(m)} + \frac{1}{2m} \overline{A}_x - \frac{\mu_x}{12\, m^2} .$$

V. Kapitel.

Leibrenten und Todesfallversicherungen mit veränderlichem Betrag.

Wie bei den Zeitrenten (Kap. I, § 5/6) werden auch hier nur solche Fälle betrachtet, in denen der Grundbetrag α nach Ablauf von gleichen Zeitabständen immer dieselbe Steigerung β erfährt.

§ 1. Die gewöhnliche Leibrente mit jährlich steigendem Betrag.

Es können hier 3 Fälle unterschieden werden: die Rente steigt entweder lebenslänglich oder nur eine bestimmte Zahl von Jahren, hört im letzteren Fall entweder ganz auf oder bleibt auf der erreichten Höhe stehen.

a) Die lebenslänglich steigende Rente.

$$D_x \cdot \overset{<}{\mathrm{a}}_x(\alpha;\beta) = \alpha \cdot \sum_{\nu=0}^{\omega-x-1} D_{x+\nu} + \beta \cdot \sum_{\nu=0}^{\omega-x-2} (\nu+1) \cdot D_{x+\nu+1}$$

$$= \alpha \cdot \sum_{\nu=0}^{\omega-x-1} D_{x+\nu} + \beta \cdot \sum_{\nu=0}^{\omega-x-2} \sum_{\nu'=0}^{\omega-x-\nu-2} D_{x+\nu+\nu'+1}.$$

Wir führen für die Doppelsumme der diskontierten Lebenden $\sum\sum D_x$ ein neues Symbol S_x ein;

$$S_x = \sum N_x = \sum\sum D_x = \sum_{\nu=0}^{\omega-x-1} \sum_{\nu'=0}^{\omega-x-\nu-1} D_{x+\nu+\nu'}$$

wird gewonnen, indem man die Zahlen N_x vom Alter x bis an das Ende der Sterbetafel summiert;

$$S_{\omega-1} = N_{\omega-1} = D_{\omega-1}; \quad S_\omega = N_\omega = D_\omega = 0.$$

Damit erhalten wir

$$\overset{<}{\mathrm{a}}_x(\alpha;\beta) = \frac{\alpha \cdot N_x + \beta \cdot S_{x+1}}{D_x};$$

speziell $\overset{<}{\mathrm{a}}_x(0;1) = \frac{S_{x+1}}{D_x}; \quad \overset{<}{\mathrm{a}}_x(1;1) = \frac{S_x}{D_x}.$

b) Die abgekürzte steigende Rente.

Die Rente erfährt insgesamt $n-1$ Steigerungen und hört dann auf:

$$D_x \cdot \overset{<}{\mathrm{a}}_{x\,\overline{n}|}(\alpha;\beta) = \alpha \cdot \sum_{\nu=0}^{n-1} D_{x+\nu} + \beta \cdot \sum_{\nu=0}^{n-2} (\nu+1) \cdot D_{x+\nu+1};$$

$$\sum_{0}^{n-1} D_{x+\nu} = N_x - N_{x+n};$$

$$\sum_{\nu=0}^{n-2} (\nu+1) \cdot D_{x+\nu+1} = S_{x+1} - S_{x+n} - (n-1) \cdot N_{x+n};$$

$$\overset{<}{\mathrm{a}}_{x\,\overline{n}|}(\alpha;\beta) = \frac{\alpha \cdot (N_x - N_{x+n}) + \beta \cdot (S_{x+1} - S_{x+n} - (n-1) \cdot N_{x+n})}{D_x};$$

speziell

$$\overset{<}{\mathrm{a}}_{x\,\overline{n}|}(0;1) = \frac{S_{x+1} - S_{x+n} - (n-1)\cdot N_{x+n}}{D_x};$$

$$\overset{<}{\mathrm{a}}_{x\,\overline{n}|}(1;1) = \frac{S_x - S_{x+n} - n\cdot N_{x+n}}{D_x}.$$

Sieht man von dem Einfluß der Sterblichkeit ab (in diesem Fall ist D_{x+n} prop. v^{x+n}), so erhält man die entsprechende steigende Zeitrente (Kap. I, § 5).

c) Die lebenslängliche Leibrente mit einer begrenzten Zahl ($n-1$) von Steigerungen.

$$D_x \cdot \overset{<}{\mathrm{a}}_x\underset{n-1}{(\alpha;\beta)} = \alpha \cdot \sum_{\nu=0}^{\omega-x-1} D_{x+\nu} +$$

$$+\beta\cdot\left(\sum_{\nu=0}^{n-2}(\nu+1)\cdot D_{x+\nu+1} + (n-1)\sum_{\nu=n}^{\omega-x-1} D_{x+\nu}\right);$$

$$\overset{<}{\mathrm{a}}_x\underset{n-1}{(\alpha;\beta)} = \frac{\alpha\cdot N_x + \beta\cdot(S_{x+1} - S_{x+n})}{D_x},$$

speziell:

$$\overset{<}{\alpha}_x\underset{n-1}{(0;1)} = \frac{S_{x+1} - S_{x+n}}{D_x},$$

$$\overset{<}{\mathrm{a}}_x\underset{n-1}{(1;1)} = \frac{S_x - S_{x+n}}{D_x}.$$

Für $n = \omega - x$ gehen beide Fälle b) und c) in den Fall a) über.

Für die terminlich steigenden Leibrenten lassen sich unschwer entsprechende Formeln entwickeln.

NB.: Für die numerischen Berechnungen dieses Kapitels (§ 1d und § 3e) sind im Anhang, (S. 204/5) in Tabelle 10 die entsprechenden Zahlen D_x, N_x, S_x sowie die Zahlen C_x, M_x, R_x der Sterbetafel M. W. I. $3\,^1/_2\%$ mitgeteilt (vgl. V. M. I. S. 148/49).

d) Beispiele.

Eine vorschüssige Leibrente mit dem Grundbetrag $\alpha = 500$ DM wächst jährlich um $\beta = 25$ DM.

α) Wie groß ist bei einem Eintrittsalter von 40 Jahren der Wert dieser Rente, wenn sie lebenslänglich wächst?

Nach der Tabelle 10 (S. 204/5) ist

$$D_{40} = 20933,\; N_{40} = 344428,\; S_{41} = 4084127;$$

$$\mathfrak{a}_{40} = 16{,}4538;\; \overset{<}{\mathfrak{a}}_{40}(0;\,1) = 195{,}104.$$

$$\overset{<}{\mathfrak{a}}_{40}(500;\,25) = 500 \cdot \mathfrak{a}_{40} + 25 \cdot \overset{<}{\mathfrak{a}}_{40}(0;\,1)$$
$$= 8226{,}90 \text{ DM} + 4877{,}60 \text{ DM} = \mathbf{13104{,}50\ DM.}$$

β) Wie groß ist der Wert der Leibrente, wenn sie $n - 1 = 19$ Jahre wächst und dann aufhört?

$$N_{40} - N_{60} = 344428 - 72686 = 271742;\; \mathfrak{a}_{40,\,\overline{20|}} = 12{,}9815;$$

$$S_{41} - S_{60} - 19 \cdot N_{60} = 4084127 - 584395 - 19 \cdot 72686$$
$$= 3499732 - 1381034 = 2118698;$$

$$\overset{<}{\mathfrak{a}}_{40,\,\overline{20|}}(0;\,1) = 101{,}213;$$

$$\overset{<}{\mathfrak{a}}_{40,\,\overline{20|}}(500;\,\underset{19}{25}) = 500 \cdot \mathfrak{a}_{40,\,\overline{20|}} + 25 \cdot \overset{<}{\mathfrak{a}}_{40,\,\overline{20|}}(0;\,1)$$
$$= 6490{,}75 \text{ DM} + 2530{,}35 \text{ DM} = \mathbf{9021{,}10\ DM.}$$

γ) Wie groß ist der Wert der Leibrente, wenn sie $n - 1 = 19$ Jahre wächst und dann lebenslänglich auf der erreichten Höhe stehenbleibt?

$$N_{40} = 344428;\; S_{41} - S_{60} = 4084127 - 584395 = 3499732;$$

$$\mathfrak{a}_{40} = 16{,}4538;\; \mathfrak{a}_{40}(0;\,\underset{19}{1}) = 167{,}187;$$

$$\overset{<}{\mathfrak{a}}_{40}(500;\,\underset{19}{25}) = 500 \cdot \mathfrak{a}_{40} + 25 \cdot \overset{<}{\mathfrak{a}}_{40}(0;\,\underset{19}{1})$$
$$= 8226{,}90 \text{ DM} + 4149{,}7 \text{ DM} = \mathbf{12406{,}60\ DM.}$$

§ 2. Die kontinuierliche Leibrente mit stetiger Steigerung des Grundbetrags.

a) Die lebenslängliche steigende kontinuierliche Leibrente.

Der Grundbetrag $\alpha d\tau$ wächst proportional der Zeit τ, so daß nach Ablauf von τ Jahren der Betrag der Rente für den nächsten Moment $(\alpha + \beta\tau) d\tau$ ist.

$$D(x) \cdot \overset{<}{\bar{a}}_x(\alpha;\beta) = \int_0^{\omega-x} (\alpha + \beta\tau)\, D(x+\tau)\, d\tau.$$

Das Integral $\int_0^{\omega-x} \tau \cdot D(x+\tau)\, d\tau$ kann man durch partielle Integration mit

$$u = \tau, \quad \frac{dv}{d\tau} = D(x+\tau) \quad \text{d. h.} \quad v = -\int_\tau^{\omega-x} D(x+\tau')\, d\tau'$$

n das Doppelintegral

$$\int_0^{\omega-x}\int_0^{\omega-x-\tau} D(x+\tau+\tau')\, d\tau\, d\tau' = \int_0^{\omega-x} N(x+\tau)\, d\tau = S(x)$$

überführen.

$$\overset{<}{\bar{a}}_x(\alpha;\beta) = \frac{\alpha \cdot N(x) + \beta \cdot S(x)}{D(x)}.$$

b) Die abgekürzte steigende kontinuierliche Leibrente.

Entsprechend den Entwicklungen in § 1 b erhalten wir

$$D(x) \cdot \overset{>}{\bar{a}}_{x\overline{t}|}(\alpha;\beta) = \int_0^t (\alpha + \beta\tau)\, D(x+\tau)\, d\tau,$$

$$\overset{<}{\bar{a}}_{x\overline{t}|}(\alpha;\beta) = \frac{\alpha \cdot (N(x) - N(x+t)) + \beta \cdot (S(x) - S(x+t) - t \cdot N(x+t))}{D(x)}.$$

Dieser Wert geht, wenn man von dem Einfluß der Sterblichkeit absieht, in den entsprechenden Wert der steigenden Zeitrente (Kap. I, § 6) über.

c) Die lebenslängliche steigende kontinuierliche Leibrente mit begrenzter Steigerungszeit.

$$D(x) \cdot \overset{<}{\mathrm{a}}_x (\alpha; \beta_{\overline{t|}})$$

$$= \int_0^t (\alpha + \beta\tau)\, D(x+\tau)\, d\tau + (\alpha + \beta t) \cdot \int_t^{\omega - x} D(x+\tau)\, d\tau,$$

$$\overset{<}{\mathrm{a}}_x (\alpha; \beta_{\overline{t|}}) = \frac{\alpha \cdot N(x) + \beta \cdot (S(x) - S(x+t))}{D(x)}.$$

Für $t = \omega - x$ gehen beide Formen b) und c) in die Form a) über.

§ 3. Die gewöhnliche Todesfallversicherung mit steigender Versicherungssumme.

Wir unterscheiden hier folgende 4 Fälle:

1. Die Versicherungssumme α steigt lebenslänglich jährlich um den Betrag β.
2. Die Versicherung dauert nur n Jahre; die Versicherungssumme α erfährt $n - 1$ Steigerungen.
3. Die Versicherungssumme α steigt $n - 1$ Jahre jährlich um β und bleibt dann lebenslänglich auf der erreichten Höhe.
4. Die abgekürzte Todesfallversicherung unter 2. wird durch eine Erlebensfallversicherung, welche auf die Summe $\alpha + (n - 1)\beta$ lautet, ergänzt.

a) Die lebenslängliche Todesfallversicherung mit steigender Summe.

$$D_x \cdot \overset{<}{A}_x(\alpha;\beta) = \alpha \cdot \sum_{\nu=0}^{\omega-x-1} C_{x+\nu} + \beta \cdot \sum_{\nu=0}^{\omega-x-2} (\nu+1) \cdot C_{x+\nu+1}.$$

Führt man die Doppelsumme der diskontierten Toten

$$R = \sum M_x = \sum \sum C_x = \sum_{\nu=0}^{\omega-x-1} \sum_{\nu'=0}^{\omega-x-\nu-1} C_{x+\nu+\nu'}$$

ein, so erhalten wir:

$$\overset{<}{A}_x(\alpha;\beta) = \frac{\alpha \cdot M_x + \beta \cdot R_{x+1}}{D_x},$$

speziell:

$$\overset{<}{A}_x(0;1) = \frac{R_{x+1}}{D_x}; \qquad \overset{<}{A}_x(1;1) = \frac{R_x}{D_x}.$$

b) Die abgekürzte Todesfallversicherung mit steigender Versicherungssumme.

$$_{|n}\overset{<}{A}_x(\alpha;\beta) = \frac{\alpha \cdot (M_x - M_{x+n}) + \beta \cdot (R_{x+1} - R_{x+n} - (n-1) \cdot M_{x+n})}{D_x},$$

speziell:

$$_{|n}\overset{<}{A}_x(0;1) = \frac{R_{x+1} - R_{x+n} - (n-1) \cdot M_{x+n}}{D_x};$$

$$_{|n}\overset{<}{A}_x(1;1) = \frac{R_x - R_{x+n} - n \cdot M_{x+n}}{D_x}.$$

c) Die lebenslängliche Todesfallversicherung mit einer beschränkten Zahl $n-1$ von Steigerungen.

$$\underset{n-1}{\overset{<}{A}_x(\alpha;\beta)} = \frac{\alpha \cdot M_x + \beta \cdot (R_{x+1} - R_{x+n})}{D_x};$$

speziell:

$$\underset{n-1}{\overset{<}{A}_x(0;1)} = \frac{R_{x+1} - R_{x+n}}{D_x}; \qquad \underset{n-1}{\overset{<}{A}_x(1;1)} = \frac{R_x - R_{x+n}}{D_x}.$$

d) Die gemischte Versicherung mit steigender Versicherungssumme.

$$\overset{<}{A}_{x\,\overline{n}|}(\alpha;\beta)$$

$$=\frac{\alpha\cdot(M_x-M_{x+n}+D_{x+n})+\beta\cdot(R_{x+1}-R_{x+n}-(n-1)M_{x+n}+(n-1)D_{x+n})}{D_x}$$

speziell:

$$\overset{<}{A}_{x\,\overline{n}|}(0;1)=\frac{R_{x+1}-R_{x+n}-(n-1)\,M_{x+n}+(n-1)\,D_{x+n}}{D_x};$$

$$\overset{<}{A}_{x\,\overline{n}|}(1;1)=\frac{R_x-R_{x+n}-n\cdot M_{x+n}+n\cdot D_{x+n}}{D_x}.$$

e) Beispiele.

Die Versicherungssumme einer Todesfallversicherung beträgt im 1. Jahr $\alpha = 10000$ DM und steigt in jedem folgenden Jahr um $\beta = 500$ DM; Eintrittsalter: $x = 30$.

a) Die Steigerung ist lebenslänglich:

Nach der Tabelle 10 (S. 204/5) ist

$D_{30} = 32627,\quad M_{30} = 11850,\quad R_{31} = 289427;$

$A_{30} = 0{,}36320;\quad \overset{<}{A}_{30}\,(0;1) = 8{,}8708;$

$\overset{<}{A}_{30}\,(10000;500) = 10000\cdot A_{30} + 500\cdot\overset{<}{A}_{30}\,(0;1)$

$= 3632{,}0 + 4435{,}4 = \mathbf{8067{,}40\ DM.}$

b) Nach $n - 1 = 29$ Steigerungen hört die Versicherung auf:

$M_{30} - M_{60} = 11850 - 4637 = 7213;$

$R_{31} - R_{60} - 29\,M_{60} = 289427 - 52924 - 29\cdot 4637$

$= 236503 - 134473 = 102030;$

${}_{|30}A_{30} = 0{,}22107;\quad {}_{|30}\overset{<}{A}_{30}\,(0;1) = 3{,}12720;$

${}_{|30}\overset{<}{A}_{30}\,(10000;500) = 10000\cdot{}_{|30}A_{30} + 500\cdot{}_{|30}\overset{<}{A}_{30}\,(0;1)$

$= 2210{,}7 + 1563{,}6 = \mathbf{3774{,}30\ DM.}$

c) Nach $n - 1 = 29$ Steigerungen bleibt die Summe lebenslänglich auf der erreichten Höhe:

$M_{30} = 11\,850, \quad R_{31} - R_{60} = 289\,427 - 52\,924 = 236\,503;$

$A_{30} = 0{,}36320; \quad \overset{<}{A}_{30}(0; \underset{29}{1}) = 7{,}24872;$

$$\overset{<}{A}_{30}(10\,000; \underset{29}{500}) = 10\,000 \cdot A_{30} + 500 \cdot \overset{<}{A}_{30}(0; \underset{29}{1})$$
$$= 3632{,}0 + 3624{,}4 = \mathbf{7256{,}40\ DM.}$$

d) Die entsprechende gemischte Versicherung mit steigender Summe:

$M_{30} - M_{60} + D_{60} = 11\,850 - 4637 + 7095 = 14\,308;$

$A_{30,\overline{30}|} = 0{,}43853;$

$R_{31} - R_{60} - 29 \cdot M_{60} + 29 \cdot D_{60} = 289\,427 - 52\,924 - 29 \cdot 4637 + 29 \cdot 7095 = 102\,030 + 205\,755 = 307\,785;$

$\overset{<}{A}_{30,\overline{30}|}(0; 1) = 9{,}43329;$

$$\overset{<}{A}_{30,\overline{30}|}(10\,000; 500) = 10\,000 \cdot A_{30,\overline{30}|} + 500 \cdot \overset{<}{A}_{30,\overline{30}|}(0; 1)$$
$$= 4385{,}3 + 4716{,}7 = \mathbf{9102{,}00\ DM.}$$

§ 4. Die Todesfallversicherung mit sofortiger Auszahlung der stetig wachsenden Versicherungssumme.

Wir wollen hier nur die gemischte Versicherung betrachten:

$$D(x)\,\overset{<}{\overline{A}}_{x,\overline{t}|}(\alpha; \beta) = \int_0^t (\alpha + \beta\tau)\, C(x + \tau)\, d\tau + (\alpha + \beta t)\, D(x + t);$$

für $\alpha = 0, \beta = 1$ wird

$$D(x)\,\overset{<}{\overline{A}}_{x,\overline{t}|}(0; 1) = \int_0^t \tau\, C(x + \tau)\, d\tau + t \cdot D(x + t)$$
$$= \int_0^t \int_0^{t-\tau} C(x + \tau + \tau')\, d\tau\, d\tau' + t \cdot D(x + t).$$

Führt man außer dem Integral $M(x) = \int_0^{\omega - x} C(x + \tau)\, d\tau$ noch das Doppelintegral

$$R(x) = \int_0^{\omega-x} M(x+\tau)\,d\tau = \int_0^{\omega-x}\int_0^{\omega-x-\tau} C(x+\tau+\tau')\,d\tau\,d\tau'$$

ein, so erhalten wir mit Hilfe von partieller Integration das Doppelintegral:

$$R(x) - R(x+t) - t\cdot M(x+t),$$

also

$$\overset{<}{\overline{A}}_{x,\overline{t|}}(0;1) = \frac{R(x)-R(x+t)-t\cdot M(x+t)+t\cdot D(x+t)}{D(x)};$$

somit:

$$\overset{<}{\overline{A}}_{x,\overline{t|}}(\alpha;\beta) = \alpha\cdot \overline{A}_{x,\overline{t|}} + \beta\cdot \overset{<}{\overline{A}}_{x,\overline{t|}}(0;1);$$

$$\overset{<}{\overline{A}}_{x,\overline{t|}}(1;1)$$

$$= \frac{M(x)-M(x+t)+D(x+t)+R(x)-R(x+t)-tM(x+t)+tD(x+t)}{D(x)}.$$

Für $t=\omega-x$ erhalten wir den Fall der sofort beginnenden lebenslänglichen Todesfallversicherung mit sofortiger Auszahlung der stetig steigenden Versicherungssumme:

$$\overset{<}{\overline{A}}_x(\alpha;\beta) = \alpha\cdot \overline{A}_x + \beta\cdot \overset{<}{\overline{A}}_x\,(0;1) = \frac{\alpha\cdot M(x)+\beta\cdot R(x)}{D(x)}.$$

Anmerkungen: 1. Selbstverständlich kann β in diesem Kapitel auch negative Werte annehmen; es entsteht dann bei der Rente mit abnehmendem Betrag u. a. die Frage nach dem Verhältnis von α zu β, d. h. welcher Abzug an der Rente bei gegebenem Barwert (und gegebener Dauer) jährlich höchstens gemacht werden darf. Ähnliche Überlegungen können auch bei den Todesfallversicherungen mit abnehmender Versicherungssumme angestellt werden.

2. Die Prämienreserven für solche Versicherungen mit veränderlichem Betrag sind nach den im nächsten Kapitel (VI) entwickelten Methoden leicht zu berechnen. Vgl. auch die Zahlenbeispiele in Kap. VII, Abschnitt I und II, in denen für Versicherungen mit zunehmendem Betrag Prämienreserven berechnet sind.

§ 5. Der Zusammenhang zwischen der Todesfallversicherung mit steigender Summe und der entsprechenden Rente mit steigendem Betrag.

A. Bei jährlicher Zahlung.

a) Lebenslängliche Todesfallversicherung und Leibrente.

Die bekannte Relation: $A_x = 1 - d \cdot \mathbf{a}_x$ gründet sich auf die Identität: $M_x = D_x - d \cdot N_x$. Summiert man diese Identitäten von x bis $\omega - 1$, also bis an das Ende der Tafel, so erhält man $R_x = N_x - d \cdot S_x$, also die Relation

$$\overset{<}{A}_x(1;1) = \mathbf{a}_x(1) - d \cdot \overset{<}{\mathbf{a}}_x(1;1),$$

d. h. statt dem Versicherten im Falle des Todes im ν-ten Versicherungsjahr die vereinbarte Summe ν auszuzahlen, kann man ihm zu Anfang jeden Jahres, dessen Beginn er erlebt, die Summe 1 als Darlehen auszahlen, das er von da an, solange er lebt, vorschüssig jährlich je mit d zu verzinsen hat. Im Falle des Todes geht das Gesamtdarlehen ν am Ende des Sterbejahres in seinen Besitz über. Die Zinsen wachsen selbstverständlich mit dem Darlehen; ihr Wert ist $d \cdot \overset{<}{\mathbf{a}}_x(1;1)$.

b) Gemischte Versicherung und abgekürzte Leibrente.

Hier erhalten wir auf dieselbe Weise die Relation:

$$\overset{<}{A}_{x\overline{n}|}(1;1) = \mathbf{a}_{x\overline{n}|}(1) - d \cdot \overset{<}{\mathbf{a}}_{x\overline{n}|}(1;1),$$

die ähnlich zu interpretieren ist.

B. Bei stetiger Zahlung.

a) Lebenslängliche Todesfallversicherung und Leibrente.

Integriert man die Identität $M(x) = D(x) - \delta \cdot N(x)$ von x bis ω, so erhält man $R(x) = N(x) - \delta \cdot S(x)$, also

$$\overset{<}{\overline{A}}_x(0;1) = \overline{\mathbf{a}}_x - \delta \cdot \overset{<}{\overline{\mathbf{a}}}_x(0;1),$$

d. h. man gewährt dem Versicherten in jedem Moment immer

wieder ein Darlehen $d\tau$, das dieser auf Lebenszeit kontinuierlich mit der Intensität δ zu verzinsen hat.

b) Entsprechendes gilt von der gemischten Versicherung mit stetig wachsender Versicherungssumme.

VI. Kapitel.

Die Berechnung der Prämien und Prämienreserven.

§ 1. Terminliche und kontinuierliche Zahlung von Prämien.

Nachdem einerseits die einmaligen Einlagen für die verschiedenen Arten der Versicherung, anderseits die Barwerte der verschiedenen Arten der Leibrenten in den vorhergehenden Kapiteln eingehend besprochen wurden, begegnet die Berechnung der entsprechenden periodisch zu zahlenden Prämien keinerlei Schwierigkeiten, zumal man dabei mit Vorteil den Grundsatz der Äquivalenz von Leistung und Gegenleistung sowohl auf die Gesamtheit als auch auf den einzelnen Versicherten anwenden kann.

Wir wollen dies im Falle der gemischten Versicherung mit terminlicher Prämienzahlung näher erläutern; man kann aus ihm einerseits für $m = 1$; $k = n$, spez. $k = \omega - x$ den Fall der gewöhnlichen Versicherungen entwickeln; man kann aber auch andererseits durch den Grenzübergang $m \to \infty$, $\frac{k}{m} = t$, spez. $t = \omega - x$ die entsprechenden Fälle mit sofortiger Auszahlung der Versicherungssumme und stetiger Zahlung der Prämie ableiten.

a) Terminliche vorschüssige Zahlung der Prämie und Auszahlung der Versicherungssumme am Schluß des Abschnitts, in dem der Versicherungsfall eintritt.

Dem Wert der Leistung an Sterbefall- bzw. Erlebensfallzahlungen 1

$$\sum_{\nu=0}^{k-1} C_{x+\frac{\nu}{m}} + D_{x+\xi} = D_x \cdot A^{(m)}_{x\,\overline{\xi}|} \qquad (k = m\xi)$$

stellen wir den Wert der Gegenleistung an Prämien mit dem Jahresbetrag $P^{(m)}_{x\,\overline{\xi}|}$ gegenüber:

$$\frac{1}{m} \cdot P^{(m)}_{x\,\overline{\xi}|} \sum_{\nu=0}^{k-1} D_{x+\frac{\nu}{m}} = D_x \cdot \mathrm{a}^{(m)}_{x\,\overline{\xi}|} \cdot P^{(m)}_{x\,\overline{\xi}|};$$

$$P^{(m)}_{x\,\overline{\xi}|} = \frac{1}{\mathrm{a}^{(m)}_{x\,\overline{\xi}|}} - d_m.$$

Es gilt also die Relation:

$$1 = (P^{(m)}_{x\,\overline{\xi}|} + d_m) \cdot \mathrm{a}^{(m)}_{x\,\overline{\xi}|} = A^{(m)}_{x\,\overline{\xi}|} + d_m \cdot \mathrm{a}^{(m)}_{x\,\overline{\xi}|},$$

d. h. die Sterbefallsumme 1 kann dem Versicherten sofort beim Eintritt ausbezahlt werden, wenn derselbe sich verpflichtet:

1. abschnittsweise in vorschüssigen Raten die vereinbarte Prämie $P^{(m)}_{x\,\overline{\xi}|}$ auf Versicherungsdauer (bis zum Tod innerhalb der vereinbarten Zeitstrecke oder bis zum Erleben derselben) zu bezahlen,
2. das Darlehen 1 auf Versicherungsdauer zu verzinsen.

$$\frac{1}{\mathrm{a}^{(m)}_{x\,\overline{\xi}|}} = P^{(m)}_{x\,\overline{\xi}|} + d_m$$

ist der Jahresbetrag der terminlich auf Versicherungsdauer zu zahlenden Tilgungsquote.

b) Stetige Zahlung der Prämie und sofortige Auszahlung der Versicherungssumme beim Versicherungsfall.

Hier gilt entsprechend:

$$1 = (\overline{P}_{x\,\overline{t}|} + \delta) \cdot \overline{\mathrm{a}}_{x\,\overline{t}|} = \overline{A}_{x\,\overline{t}|} + \delta \cdot \overline{\mathrm{a}}_{x\,\overline{t}|},$$

d. h. die sofortige Auszahlung der Versicherungssumme 1 beim Eintritt ist äquivalent der kontinuierlichen Zahlung der Prämie (mit dem Jahresbetrag $\overline{P_{x\,\overline{t|}}}$) auf Versicherungsdauer, vermehrt um die in derselben Weise vor sich gehende Verzinsung des Darlehens.

Die Äquivalenz von Leistung und Gegenleistung zeigt auch die Gleichung

$$\overline{P_{x\,\overline{t|}}} \int_0^t v^\tau l(x+\tau)\,d\tau = \int_0^t v^\tau l(x+\tau)\mu(x+\tau)\,d\tau + v^t \cdot l(x+t);$$

$$\overline{P_{x\,\overline{t|}}} = \frac{\int_0^t C(x+\tau)\,d\tau + D(x+t)}{\int_0^t D(x+\tau)\,d\tau}$$

$$= \frac{M(x) - M(x+t) + D(x+t)}{N(x) - N(x+t)};$$

$$\frac{1}{\mathfrak{a}_{x\,\overline{t|}}} = \overline{P_{x\,\overline{t|}}} + \delta$$

ist der Jahresbetrag der stetig auf Versicherungsdauer zu zahlenden Tilgungsquote.

§ 2. Die Entstehung der Prämienreserve einer Versichertengesamtheit.

a) Der Zusammenhang mit der Risikoversicherung.

Wir haben im Kap. IV, § 1 B S. 69 die Risikoversicherung als Element der Todesfallversicherung betrachtet und gezeigt, daß sie — entsprechend fortgesetzt — der gewöhnlichen Todesfallversicherung durchaus äquivalent ist.

Für die gemischte Versicherung ist der Begriff der natürlichen Prämie sinngemäß auf das Erlebensfallrisiko auszudehnen.

In dem § 1 betrachteten Fall ist für

$$\nu = 0, 1, \ldots, k-2$$

$$\frac{1}{m} \cdot \mathfrak{P}_{x+\frac{\nu}{m}} = \varphi \cdot {}_{\frac{1}{m}}q_{x+\frac{\nu}{m}} = \frac{C_{x+\frac{\nu}{m}}}{D_{x+\frac{\nu}{m}}}$$

Für den letzten Abschnitt $\nu = k-1$ tritt zu der Sterbefallrisikoprämie

$$\frac{1}{m} \cdot \mathfrak{P}_{x+\frac{k-1}{m}} = \varphi \cdot {}_{\frac{1}{m}}q_{x+\frac{k-1}{m}} = \frac{C_{x+\frac{k-1}{m}}}{D_{x+\frac{k-1}{m}}}$$

noch die Erlebensfallrisikoprämie

$$\frac{1}{m} \cdot \mathfrak{P}_{x+\frac{k}{m}} = \varphi \cdot {}_{\frac{1}{m}}p_{x+\frac{k-1}{m}} = \frac{D_{x+\frac{k}{m}}}{D_{x+\frac{k-1}{m}}};$$

die Summe der beiden ist φ, da am Schluß des k-ten Abschnitts die Versicherungssumme auf alle Fälle ausbezahlt wird.

Die versicherungstechnische Äquivalenz der beiden Arten eine gemischte Versicherung zu nehmen, ergibt sich aus der folgenden Identität:

$$D_x \cdot A^{(m)}_{x\overline{\xi}|} = \frac{1}{m} \sum_{\nu=0}^{k-1} \mathfrak{P}_{x+\frac{\nu}{m}} \cdot D_{x+\frac{\nu}{m}} + D_{x+\xi}$$

$$= \frac{1}{m} \cdot P^{(m)}_{x\overline{\xi}|} \sum_{\nu=0}^{k-1} D_{x+\frac{\nu}{m}} = P^{(m)}_{x\overline{\xi}|} \cdot \mathrm{a}^{(m)}_{x\overline{\xi}|} \cdot D_x$$

oder

$$\frac{1}{m} \cdot \sum_{\nu=0}^{k-1} \left(P^{(m)}_{x\overline{\xi}|} - \mathfrak{P}_{x+\frac{\nu}{m}}\right) \cdot D_{x+\frac{\nu}{m}} = D_{x+\xi},$$

d. h. was von der gleichbleibenden Prämie im Laufe der Versicherung nicht für das Sterbefallrisiko der einzelnen Abschnitte ausgegeben wurde, reicht genau zur Deckung des Erlebensfallrisikos am Ende der Versicherung.

Bei stetiger Zahlung der Prämie und sofortiger Auszahlung der Summe im Versicherungsfall ist

$$\mathfrak{P}(x+\tau)\,d\tau = \mu(x+\tau)\,d\tau$$

die natürliche Prämie für das Sterbefallrisiko des Moment $d\tau$, während $\mathfrak{P}(x+t) = 1$ die natürliche Prämie für das Erlebensfallrisiko am Ende der Versicherung ist, da die Summe 1 in diesem Fall sofort fällig ist. Die Äquivalenzgleichung

$$D(x)\cdot\overline{A_{x\overline{t|}}} = \int_0^t \mathfrak{P}(x+\tau)\,D(x+\tau)\,d\tau + D(x+t)$$

$$= \int_0^t \overline{P_{x\overline{t|}}}\,D(x+\tau)\,d\tau) = \overline{P_{x\overline{t|}}}\cdot\overline{\mathbf{a}_{x\overline{t|}}}\cdot D(x)$$

führt zu der Form:

$$\int_0^t \left(\overline{P_{x\overline{t|}}} - \mathfrak{P}(x+\tau)\right) D(x+\tau)\,d\tau = D(x+t).$$

Im Fall der lebenslänglichen Versicherung erhalten wir:

$$\sum_{\nu=0}^{\omega-x-1} (P_x - \mathfrak{P}_{x+\nu})\cdot D_{x+\nu} = 0; \qquad (m=1,\ k=\omega-x),$$

$$\frac{1}{m}\cdot\sum_{\nu=0}^{m(\omega-x)-1}\left(P_x^{(m)} - \mathfrak{P}_{x+\frac{\nu}{m}}\right)\cdot D_{x+\frac{\nu}{m}} = 0;$$

$$(k = m(\omega-x),\ \xi = \omega - x),$$

$$\int_0^{\omega-x} \left(\overline{P_x} - \mathfrak{P}(x+\tau)\right)\cdot D(x+\tau)\,d\tau = 0 \quad (m=\infty,\ t=\omega-x),$$

d. h. die gleichbleibende Prämie ist der Mittelwert der natürlichen Prämien:

$$P_x = \frac{\sum_{\nu=0}^{\omega-x-1} \mathfrak{P}_{x+\nu} D_{x+\nu}}{\sum_{\nu=0}^{\omega-x-1} D_{x+\nu}} = \frac{M_x}{N_x};$$

$$P_x^{(m)} = \frac{\frac{1}{m} \cdot \sum_{\nu=0}^{m(\omega-x)-1} \mathfrak{P}_{x+\frac{\nu}{m}} D_{x+\frac{\nu}{m}}}{\frac{1}{m} \cdot \sum_{\nu=0}^{m(\omega-x)-1} D_{x+\frac{\nu}{m}}} = \frac{M_x^{(m)}}{N_x^{(m)}};$$

$$\overline{P}_x = \frac{\int_0^{\omega-x} \mathfrak{P}(x+\tau) \cdot D(x+\tau)\, d\tau}{\int_0^{\omega-x} D(x+\tau)\, d\tau} = \frac{M(x)}{N(x)}.$$

b) Die Entstehung der Prämienreserve.

Da die natürliche Prämie mit dem Alter zunimmt, ist zu Beginn der Versicherung die gleichbleibende Prämie auf alle Fälle größer als die natürliche Prämie. Es wird aber auch noch in den nächsten Jahren der Versicherung mehr eingenommen als ausgegeben; dadurch entstehen Überschüsse, die verzinslich angelegt werden und die Prämienreserve der Gesamtheit bilden.

Die Differenz aus der gleichbleibenden Prämie und der stets wachsenden natürlichen Prämie nennt man deshalb auch die Reserveprämie des betreffenden Versicherungsjahres.

Bei der lebenslänglichen Todesfallversicherung gibt es stets einen Zeitpunkt, von welchem an diese Reserveprämien negativ werden; die gleichbleibende Jahresprämie P reicht zur Deckung des Sterbefallrisikos nicht mehr aus; man muß also der inzwischen angesammelten Prämienreserve die nötigen Mittel entnehmen, um den Anforderungen des Jahres gerecht werden zu können.

Bei der gemischten Versicherung liegt bei kürzerer Dauer dieser Zeitpunkt ziemlich nahe am Ende der Versicherung. Bis zu dem genannten Zeitpunkt wächst die Gesamtreserve, hernach nimmt sie beständig ab. Da aber die Zahl der Lebenden, auf die sich die Gesamtreserve verteilt, noch mehr abnimmt, trifft gleichwohl auf den einzelnen eine stets wachsende Reserve; denn schließlich muß auch für die das Ende der Versicherung Erlebenden je die Summe 1 zur Verfügung stehen. Den Beweis dafür geben wir weiter unten (S. 108/9).

§ 3. Die beiden Formen der Prämienreserve.

a) Die lebenslängliche Todesfallversicherung.

Betrachten wir den Stand der Versicherung nach Ablauf von s Jahren, so ist

$$\sum_{\nu=0}^{s-1} (P_x - \mathfrak{P}_{x+\nu}) \cdot D_{x+\nu} = P_x \cdot \sum_{\nu=0}^{s-1} D_{x+\nu} - \sum_{\nu=0}^{s-1} C_{x+\nu}$$

die Summe der bis dahin zu erwartenden Ersparnisse.

NB.: Unter dem Ausdruck „zu erwartenden" ist der versicherungstechnische Barwert dieser Größen zu einer bestimmten Zeit zu verstehen, hier: zu Beginn der Versicherung; der Einfluß der Sterblichkeit und Verzinsung ist durch die Verwendung der diskontierten Zahlen gewährleistet; auch die Ausdrücke „Einnahmen" und „Ausgaben" sind in dem gleichen Sinn zu verstehen!

Nach der § 2a entwickelten Identität

$$\sum_{\nu=0}^{\omega-x-1} (P_x - \mathfrak{P}_{x+\nu}) \cdot D_{x+\nu} = 0$$

ist die obige Summe gleich der Summe

$$\sum_{\nu=s}^{\omega-x-1} (\mathfrak{P}_{x+\nu}-P_x) \cdot D_{x+\nu} = \sum_{\nu=s}^{\omega-x-1} C_{x+\nu} - P_x \cdot \sum_{\nu=s}^{\omega-x-1} D_{x+\nu},$$

welche den Verlauf der Versicherung in den dem Reservetag folgenden Versicherungsjahren kennzeichnet; beide Summen stellen den Wert der zu erwartenden Gesamtreserve $D_{x+s} \cdot {}_sV'_x$ dar, wobei ${}_sV'_x$ den Wert der Reserve für den einzelnen am Reservetag noch Versicherten bedeutet.

Wir erhalten damit für die Einzelreserve ${}_sV'_x$ zwei gleichwertige Formen:

1. Die eigentliche Prämien„reserve“:

$$P_x \cdot \mathbf{a}_{x\overline{s}|} - {}_{|s}A_x = {}_sE_x \cdot {}_sV'_x$$

Überschuß der „Einnahmen“ über die „Ausgaben“ in den ersten s Versicherungsjahren. Zeitpunkt: Beginn der Versicherung.

2. Das „Deckungs“kapital:

$$A_{x+s} - P_x \cdot \mathbf{a}_{x+s} = {}_sV'_x$$

Überschuß der „Ausgaben“ über die „Einnahmen“ in den dem Reservetag folgenden Versicherungsjahren. Zeitpunkt: Tag der Reserve.

b) Die gemischte Versicherung.

1. retrospektive Form:

$$P_{x\overline{n}|} \cdot \mathbf{a}_{x\overline{s}|} - {}_{|s}A_x = {}_sE_x \cdot {}_sV'_{x\overline{n}|};$$

2. prospektive Form:

$$A_{x+s\,\overline{n-s}|} - P_{x\overline{n}|} \cdot \mathbf{a}_{x+s\,\overline{n-s}|} = {}_sV'_{x\overline{n}|}.$$

Während in den ersten Jahren — besonders bei jüngerem Eintrittsalter und längerer Dauer — sich die Verhältnisse denen der Todesfallversicherung (a) nähern, deckt die bei kürzerer Dauer mit zunehmendem Eintrittsalter erheblich steigende Jahresprämie in den meisten Jahren das Sterbefallrisiko; im letzten Jahr tritt das letztere gegenüber dem Erlebensfallrisiko stark zurück.

c) Der Zusammenhang der Prämienreserve mit der Leibrente.

Durch die Verwendung der Relationen

$$A_{x+s} = 1 - d \cdot \mathfrak{a}_{x+s} \quad \text{und} \quad P_x = \frac{1}{\mathfrak{a}_x} - d$$

erhalten wir die Darstellung:

$$ {}_sV'_x = 1 - (d + P_x) \cdot \mathfrak{a}_{x+s} = 1 - \frac{\mathfrak{a}_{x+s}}{\mathfrak{a}_x}$$

bzw.

$$ {}_sV'_{x\overline{n}|} = 1 - (d + P_{x\overline{n}|}) \cdot \mathfrak{a}_{x+s\,\overline{n-s}|} = 1 - \frac{\mathfrak{a}_{x+n\,\overline{s-n}|}}{\mathfrak{a}_{x\overline{s}|}},$$

d. h. man kann unter Einbehaltung der Reserve dem Versicherten die Versicherungssumme 1 auszahlen, wenn er künftig außer der Prämie noch für die Verzinsung dieses Darlehens auf Versicherungsdauer jährlich vorschüssig d zahlt, d. h. die Tilgungsquote $d + P_x$ bzw. $d + P_{x\overline{n}|}$ auf die noch bleibende Versicherungsdauer entrichtet.

NB.: Bei einmaliger Prämie ist die Reserve ${}_sV_{x(\overline{n}|)}$ gleich dem Wert $A_{x+s(\overline{n-s}|)}$ der Versicherung am Reservetag; unter Auszahlung der Reserve kann das Versicherungsverhältnis gelöst werden; mit diesem Betrag als Einmalprämie kann sich der Versicherte für den Rest der Jahre bei einer anderen Gesellschaft in gleicher Weise versichern.

§ 4. Die Änderung der Reserve mit der seit dem Abschluß verflossenen Zeit.

Wir wollen hier nur den Fall der lebenslänglichen Todesfallversicherung betrachten; die Verhältnisse bei der gemischten Versicherung sind nach denselben Grundsätzen zu behandeln.

a) Bei jährlicher Prämienzahlung.

α) Aufstellung der Differenzengleichung für ${}_sV'_x$: Entsprechend der Entstehung der Reserve aus den für das Sterbefallrisiko nicht benötigten Teilen der Prämie P_x gilt die Rekursionsformel:

$$\sum_{\nu=0}^{s} (P_x - \mathfrak{P}_{x+\nu}) \cdot D_{x+\nu} = {}_{s+1}V'_x \cdot D_{x+s+1}$$
$$= ({}_sV'_x + P_x - \mathfrak{P}_{x+s}) \cdot D_{x+s}$$

und demgemäß auch die Differenzengleichung:

$$\frac{\Delta_s V'}{\Delta_s} = \left(\left(1 - \frac{D_{x+s+1}}{D_{x+s}}\right) \cdot {}_sV'_x + (P_x - \mathfrak{P}_{x+s})\right) \cdot \frac{D_{x+s}}{D_{x+s+1}}$$
$$= ((d + \mathfrak{P}_{x+s}) \cdot {}_sV'_x + (P_x - \mathfrak{P}_{x+s})) \cdot \frac{D_{x+s}}{D_{x+s+1}} .$$

Diese Differenzengleichung kann man mit Hilfe der Darstellung

$${}_sV'_x = A_{x+s} - P_x \cdot a_{x+s} = A_{x+s}\left(1 + \frac{P_x}{d}\right) - \frac{P_x}{d}$$
$$= 1 - (d + P_x) \cdot \mathfrak{a}_{x+s}$$

auch aus der entsprechenden Differenzengleichung für A_{x+s} oder für $\mathfrak{a}_{x+s}$ herleiten. Instruktiver ist die folgende Zerlegung der Änderung, welche die Einzelreserve im Laufe des $(s+1)$-ten Versicherungsjahres erfährt, in ihre Bestandteile:

1. Zuwachs infolge der Verzinsung der eigenen Reserve:

$$ {}_sV'_x \cdot i \,, $$

2. Zuwachs durch die eigene Prämie samt Zins:

$$ P_x \cdot r \,, $$

3. Anteiliger Zuwachs aus den Reserven und Prämien samt deren Zins, welche anläßlich der Sterbefälle zu Gunsten der Überlebenden verfallen:

$$ ({}_sV'_x + P_x) \cdot r \cdot \frac{d_{x+s}}{l_{x+s+1}} \,, $$

4. Anteilige Minderung infolge der ausbezahlten Sterbefallsummen:

$$ 1 \cdot \frac{d_{x+s}}{l_{x+s+1}} \,. $$

Diese Zerlegung führt unmittelbar zu der oben angeführten Rekursionsformel:

$$ {}_{s+1}V'_x \cdot D_{x+s+1} = ({}_sV'_x + P_x) \cdot D_{x+s} - C_{x+s} \,. $$

β) Nachweis, daß die Einzelreserve während der Versicherung ständig wächst: 1. Dies geht schon aus der Darstellung ${}_sV'_x = 1 - (d + P_x) \cdot \mathbf{a}_{x+s}$ hervor, da $\mathbf{a}_{x+s}$ mit s abnimmt (Kap. III, § 2 A c, S. 54/5).

2. Es läßt sich aber unabhängig davon ganz allgemein diese Zunahme beweisen. Solange die Gesamtreserve wächst ($s < \bar{s}$), ist $\Delta_s V'_x$ selbstverständlich positiv, da zu ${}_sV'_x$ nur die positive Reserveprämie $P_x - \mathfrak{P}_{x+s}$ hinzukommt und außerdem die diskontierte Zahl der Lebenden abnimmt $D_{x+s} > D_{x+s+1}$; wenn aber $s > \bar{s}$, vermindert sich ${}_sV'_x$ um $\mathfrak{P}_{x+s} - P_x$. Daß aber trotzdem die Verzinsung des Restes und die Verteilung auf die kleinere Personenzahl eine Zunahme von ${}_sV'_x$ bewirken, erhellt aus den folgenden allgemeinen Ausführungen, die für jedes s gelten:

Die zum Abschluß einer l.l. Todesfallversicherung im Alter $x+s$ erforderliche gleichbleibende Prämie P_{x+s} ist für alle s größer als die natürliche Prämie $\mathfrak{P}_{x+s}$; wenn letztere auch für $s > \bar{s}$ größer als P_x wird, so bleibt sie dennoch unter P_{x+s}; für $s = \omega - x - 1$ erreichen sie zusammen ihren Höchstwert:

$$\mathfrak{P}_{\omega-1} = P_{\omega-1} = v.$$

Es ist

$$\begin{aligned} D_{x+s} \cdot A_{x+s} &= P_{x+s} \cdot \sum D_{x+s} = \sum C_{x+s} \\ &= \sum \mathfrak{P}_{x+s} \cdot D_{x+s} > \mathfrak{P}_{x+s} \sum D_{x+s}, \end{aligned}$$

d. h.
$$P_{x+s} = 1/\mathbf{a}_{x+s} - d > \mathfrak{P}_{x+s},$$

(diese Summen gehen alle von $x+s$ bis an das Ende der Tafel!), also

$$\frac{1}{\mathbf{a}_{x+s}} > d + \mathfrak{P}_{x+s}\left(= d + v \cdot {}_1q_{x+s} = 1 - v \cdot {}_1p_{x+s} = 1 - \frac{D_{x-s+1}}{D_{x+s}}\right).$$

Nun ist aber

$$1 - {}_sV'_x = (P_x + d) \cdot \mathbf{a}_{x+s} < \frac{P_x + d}{\mathfrak{P}_{x+s} + d}$$

$${}_sV'_x > \frac{\mathfrak{P}_{x+s} - P_x}{\mathfrak{P}_{x+s} + d} = \frac{\mathfrak{P}_{x+s} - P_x}{1 - \dfrac{D_{x+s+1}}{D_{x+s}}},$$

demnach

$${}_sV'_x + P_x - \mathfrak{P}_{x+s} > {}_sV'_x \cdot \frac{D_{x+s+1}}{D_{x+s}}$$

oder nach § 4a, α):

$$({}_sV'_x + P_x - \mathfrak{P}_{x+s}) \cdot \frac{D_{x+s}}{D_{x+s+1}} = {}_{s+1}V'_x > {}_sV_x.$$

b) Bei kontinuierlicher Prämienzahlung und sofortiger Auszahlung der Summe.

Der obigen Differenzengleichung entspricht in diesem Fall die folgende Differentialgleichung:

$$\frac{d\,{}_s\overline{V'_x}}{ds} = (\delta + \mu(x+s)) \cdot {}_s\overline{V'_x} + \overline{P_x} - \mu(x+s).$$

Dieselbe Differentialgleichung ergibt sich aus der Darstellung:

$${}_s\overline{V'_x} = 1 - (\overline{P_x} + \delta) \cdot \overline{\mathfrak{a}_{x+s}} = \overline{A_{x+s}} - \overline{P_x} \cdot \overline{\mathfrak{a}_{x+s}}$$

auf Grund der entsprechenden Differentialgleichungen für $\overline{A_{x+s}}$ bzw. $\overline{\mathfrak{a}_{x+s}}$ (Kap. III/IV).

Aus der unmittelbaren infinitesimalen Betrachtung der Vorgänge bei der Reservenbildung während des Momentes ds ergibt sich folgende Zerlegung von $d_s\overline{V'_x}$:

$$d_s\overline{V'_x} = {}_s\overline{V'_x} \cdot \delta \cdot ds + \overline{P_x} \cdot ds - \mu(x+s) \cdot ds \cdot (1 - {}_s\overline{V'_x}),$$

d. h. die Zunahme der Reserve während des Momentes ds setzt sich zusammen aus den beiden Einnahmen: 1. aus dem Zins für die Reserve und 2. aus der Prämie und der Ausgabe zur Ergänzung der vorhandenen Reserve auf die Versicherungssumme 1 für die vorkommenden Sterbefälle.

Daß die Reserve von Moment zu Moment beständig zunimmt, geht bereits aus der Darstellung derselben:

$${}_s\overline{V'_x} = \overline{A_{x+s}} - \overline{P_x} \cdot \overline{\mathfrak{a}_{x+s}} = 1 - (\overline{P_x} + \delta) \cdot \overline{a_{x+s}}$$

hervor, weil $\overline{A_{x+x}}$ zu- und $\overline{\mathfrak{a}_{x+s}}$ abnimmt. Es läßt sich aber auch unabhängig davon leicht beweisen, daß

$$\frac{d_s\overline{V'_x}}{ds} > 0$$

ist.

$$\overline{P_{x+s}} = \frac{1}{\overline{\mathrm{a}_{x+s}}} - \delta > \mathfrak{P}(x+s) = \mu(x+s),$$

d. h.

$$\overline{\mathrm{a}_{x+s}} < \frac{1}{\mu(x+s)+\delta}$$

(wie auf anderem Wege bereits in Kap. III S. 55 bewiesen).

$$(\overline{P_x} + \delta) \cdot \overline{\mathrm{a}_{x+s}} = 1 - {}_s\overline{V'_x} < \frac{\overline{P_x} + \delta}{\mu(x+s)+\delta};$$

$${}_s\overline{V'_x} > \frac{\mu(x+s) - \overline{P_x}}{\mu(x+s)+\delta},$$

d. h.

$$\frac{d\,{}_s\overline{V'_x}}{ds} = {}_s\overline{V'_x}\,(\mu(x+s)+\delta) + \overline{P_x} - \mu(x+s) > 0.$$

Die allgemeine Lösung dieser Differentialgleichung kann in beiden Formen geschrieben werden:

1. Retrospektive Form:

$$D(x+s) \cdot {}_s\overline{V'_x} = \int_0^s \left(\overline{P_x} - \mathfrak{P}(x+\tau)\right) \cdot D(x+\tau)\, d\tau$$

$$= \overline{P_x} \int_0^s D(x+\tau)\, d\tau - \int_0^s C(x+\tau)\, d\tau$$

$$= \left(\overline{P_x} \cdot \overline{\mathrm{a}}_{x\,\overline{s}|} - {}_{|s}\overline{A}_x\right) \cdot D(x)$$

$$= \int_0^s \left(\overline{P_x} - \mu(x+\tau)\right) \cdot e^{-\int_0^\tau (\mu(x+\tau')+\delta)\, d\tau'}\, d\tau \cdot D(x).$$

2. Prospektive Form:

$$D(x+s)\cdot {}_s\overline{V}'_x = \int_s^{\omega-x} \left(\mathfrak{P}(x+\tau) - \overline{P}_x\right)\cdot D(x+\tau)\,d\tau$$

$$= \int_s^{\omega-x} C(x+\tau)\,d\tau - \overline{P}_x \int_s^{\omega-x} D(x+\tau)\,d\tau$$

$$= \left(\overline{A_{x+s}} - \overline{P}_x \cdot \overline{\mathrm{a}_{x+s}}\right)\cdot D(x+s)$$

$$= \int_s^{\omega-x} \left(\mu(x+\tau)\cdot - \overline{P}_x\right)\cdot e^{-\int_s^{\tau}(\mu(x+\tau')+\delta)\,d\tau'}\,d\tau\cdot D(x+s).$$

Ähnliche Überlegungen können auch für die gemischte Versicherung angestellt werden.

VII. Kapitel.

Die Prämienrückgewähr.

Vorbemerkung.

Eigentlich widerspricht eine Rückgewähr von Prämien dem Sinn der Versicherung; denn die Prämien werden dem Versicherer dafür bezahlt, daß er bis zum normalen Ablauf der Versicherung das Risiko auf sich nimmt, die vereinbarte Summe dem Versicherten im Versicherungsfall auszuzahlen, ob dieser nun bis dahin wenig oder viel Prämien bezahlt hat. Wenn sich nun die Versicherungsgesellschaften auf Drängen der Versicherten und aus Konkurrenzgründen doch zu Versicherungen mit Prämienrückgewähr entschlossen, so hat dies im Falle der „unvollkommenen“ Versicherungen wie: Erlebensfallversicherung, aufgeschobene l.l. Leibrente, aufgeschobene lebenslängliche Todesfallversicherung und schließlich auch im Fall der kurzen Todesfallversicherung eine gewisse Berechtigung, da es bei diesen Versicherungen vorkommen kann, daß der Versicherte alle Prämien einzahlt und doch keine Leistung erhält. Vom Standpunkt der Gesamtheit muß ja auch dieser Fall eintreten, damit die vertraglichen Leistungen ausgeführt werden können; denn die Prämien derer, welche diese Leistungen erhalten, reichen auch mit den Zinsen nicht dazu aus, diese Leistungen ganz zu decken; es müssen vielmehr noch die verfallenen Prämien der übrigen hinzutreten. Für die einzelnen davon Betroffenen ist es aber sehr schmerzlich, besonders wenn sie so gut wie alle oder gar alle Prämien bereits bezahlt haben, keine Leistung zu erhalten.

Bei der Versicherung mit ganzer oder teilweiser Rückgewähr der Prämien kann man nun für den Fall, daß man nicht in den Genuß der vereinbarten Hauptleistung gelangt, durch einen Zuschlag zu der Normalprämie die einbezahltenPrämien bzw. einen Bruchteil derselben zurückerhalten (1. Art der Prämienrückgewähr).

Manchmal wird auch vereinbart, daß man den Zuschlag selbst nicht zurückgewährt, sondern nur die eingezahlten Normalprämien bzw. einen Bruchteil derselben (2. Art der Prämienrückgewähr).

Abschnitt I.

Die Rückgewähr der Prämien samt Zuschlag.

A. Entwicklung der Formeln.

§ 1. Die Berechnung der Prämien.

Nach dem Äquivalenzprinzip muß der Barwert der erhöhten Prämien P' neben der Hauptversicherung, welche durch den Barwert der Normalprämien P gedeckt ist, noch die Rückgewähr eines Bruchteiles k der Prämien P' decken.

Diese zusätzliche Leistung ist im Fall der ersten 3 Versicherungen eine abgekürzte Todesfallversicherung mit steigender Versicherungssumme (Kap. V, § 3b) im Fall der abgekürzten Todesfallversicherung eine Erlebensfallversicherung auf die Summe $k \cdot n \cdot P'$.

a) Erlebensfallversicherung:

$$_nP(N_x - N_{x+n}) = D_{x+n} \cdot S,$$

$$_nP'(N_x - N_{x+n}) = k \cdot {_nP'}(R_x - R_{x+n} - n \cdot M_{x+n}) + D_{x+n} \cdot S,$$

$$_nP'(N_x - N_{x+n} - k \cdot (R_x - R_{x+n} - n \cdot M_{x+n})) = D_{x+n} \cdot S.$$

b) Aufgeschobene lebenslängliche Leibrente:

$${}_nP(N_x - N_{x+n}) = N_{x+n} \cdot R,$$

$${}_nP'(N_x - N_{x+n} - k \cdot (R_x - R_{x+n} - n \cdot M_{x+n})) = N_{x+n} \cdot R.$$

c) Aufgeschobene lebenslängliche Todesfallversicherung:

$${}_nP(N_x - N_{x+n}) = M_{x+n} \cdot S,$$

$${}_nP'(N_x - N_{x+n} - k \cdot (R_x - R_{x+n} - n \cdot M_{x+n})) = M_{x+n} \cdot S.$$

d) Abgekürzte Todesfallversicherung:

$${}_nP(N_x - N_{x+n}) = (M_x - M_{x+n}) \cdot S,$$

$${}_nP'(N_x - N_{x+n}) = n \cdot k \cdot {}_nP' \cdot D_{x+n} + (M_x - M_{x+n}) \cdot S,$$

$${}_nP'(N_x - N_{x+n} - k \cdot n \cdot D_{x+n}) = (M_x - M_{x+n}) \cdot S.$$

§ 2. Die Berechnung der Prämienreserve nach *m* Jahren.

Diese Berechnung geschieht am einfachsten nach der retrospektiven Methode:

a) Erlebensfallversicherung:

$$D_{x+m} \cdot {}_mV(P) = {}_nP(N_x - N_{x+m}),$$

$$D_{x+m} \cdot {}_mV(P') = {}_nP'(N_x - N_{x+m} - k \cdot (R_x - R_{x+m} - m \cdot M_{x+m})).$$

Infolge der Relation § 1a für die Zahl m erhält man die einfachen Formeln:

$${}_mV(P) = \frac{{}_nP({}_nE_x)}{{}_mP({}_mE_x)} \cdot S \quad \text{und} \quad {}_mV(P') = \frac{{}_nP'({}_nE_x)}{{}_mP'({}_mE_x)} \cdot S.$$

(V. M. I, Kap. III, § 4a).

Entsprechend für die beiden anderen Versicherungen:

b) Aufgeschobene l.l. Leibrente:

$${}_mV(P) = \frac{{}_nP({}_{n|}a_x)}{{}_mP({}_mE_x)} \cdot R \quad \text{und} \quad {}_mV(P') = \frac{{}_nP'({}_{n|}a_x)}{{}_mP'({}_mE_x)} \cdot R.$$

(V. M. I, Kap. III, § 4b).

c) Aufgeschobene l. l. Todesfallversicherung:

$$ {}_mV(P) = \frac{{}_nP({}_{n|}A_x)}{{}_mP({}_mE_x)} \cdot S \quad \text{und} \quad {}_mV(P') = \frac{{}_nP'({}_{n|}A_x)}{{}_mP'({}_mE_x)} \cdot S. $$

(V. M. I, Kap. III, § 5b, S. 93).

d) Abgekürzte Todesfallversicherung:

Hier ist nach der retrospektiven Methode:

$$ D_{x+m} \cdot {}_mV(P) = {}_nP \cdot (N_x - N_{x+m}) - (M_x - M_{x+m}) \cdot S, $$

$$ D_{x+m} \cdot {}_mV(P') = {}_nP' \cdot (N_x - N_{x+m}) - (M_x - M_{x+m}) \cdot S; $$

daraus ergibt sich

$$ {}_mV(P) = \frac{{}_nP \cdot \mathrm{a}_{x\overline{m}|} - {}_{|m}A_x \cdot S}{{}_mE_x} $$

und

$$ {}_mV(P') = \frac{{}_nP' \cdot \mathrm{a}_{x\overline{m}|} - {}_{|m}A_x \cdot S}{{}_mE_x}, $$

(V. M. I, Kap. III, § 5c, S. 95),

und zwischen den beiden Reserven der Zusammenhang:

$$ {}_mV(P') = {}_mV(P) + \frac{{}_nP' - {}_nP}{{}_mP({}_mE_x)} \cdot S. $$

B. Numerische Beispiele.

Für alle Versicherungsarten sei $x = 30$, $n = 35$, $S = 10000$ DM bzw. $R = 1000$ DM, $k = \frac{1}{2}$.

1. Berechnung der Prämien ohne und mit Rückgewähr:

$$ D_{65} = 4856, \quad N_{30} = 614409, \quad N_{65} = 41864, \quad N_{30} - N_{65} = 572545; $$

$$ \tfrac{1}{2}(R_{30} - R_{65} - 35\, M_{65}) = 74362{,}5; $$

$$ N_{30} - N_{65} - \tfrac{1}{2}(R_{30} - R_{65} - 35\, M_{65}) = 498182{,}5; $$

$$ M_{30} = 11850; \quad M_{65} = 3440; \quad 17{,}5 \cdot D_{65} = 84980; $$

$$ M_{30} - M_{65} = 8410; \quad N_{30} - N_{65} - 17{,}5\, D_{65} = 487565. $$

a) Erlebensfallversicherung:

$$_{35}P \cdot (N_{30} - N_{65}) = D_{65} \cdot S, \quad _{35}P(10000) = 84{,}81 \text{ DM};$$

$$_{35}P' \cdot (N_{30} - N_{65} - \tfrac{1}{2}(R_{30} - R_{65} - 35 \cdot M_{65})) = D_{65} \cdot S;$$

$$_{35}P'(10000) = 97{,}47 \text{ DM} (= 1{,}1493 \cdot P).$$

b) Aufgeschobene Leibrente:

$$_{35}P(1000) = 73{,}12 \text{ DM}, \quad _{35}P'(1000) = 84{,}03 \text{ DM} (= 1{,}1493 \cdot P).$$

c) Aufgeschobene Todesfallversicherung:

$$_{35}P(10000) = 60{,}08 \text{ DM}, \quad _{35}P'(10000) = 69{,}05 \text{ DM} (= 1{,}1493 \cdot P).$$

d) Abgekürzte Todesfallversicherung:

$$_{35}P \cdot (N_{30} - N_{65}) = (M_{30} - M_{65}) \cdot S; \quad _{35}P(10000) = 146{,}89 \text{ M};$$

$$_{35}P' \cdot (N_{30}) - N_{65} - 17{,}5\, D_{65}) = (M_{30} - M_{65}) \cdot S;$$

$$_{35}P'(10000) = 172{,}49 \text{ DM} (= 1{,}1743 \cdot P).$$

2. Berechnung der Prämienreserven nach 10 Jahren:

$$D_{40} = 20933; \quad N_{40} = 344428; \quad N_{30} - N_{40} = 269981;$$

$$\tfrac{1}{2}(R_{30} - R_{40} - 10\, M_{40}) = 6880;$$

$$N_{30} - N_{40} - \tfrac{1}{2}(R_{30} - R_{40} - 10\, M_{40}) = 263101.$$

a) Erlebensfallversicherung:

$$_{10}P \cdot (N_{30} - N_{40}) = D_{40} \cdot S, \quad _{10}P(10000) = 775{,}35 \text{ DM};$$

$$_{10}P' \cdot (N_{30} - N_{40} - \tfrac{1}{2}(R_{30} - R_{40} - 10\, M_{40})) = D_{40} \cdot S,$$

$$_{10}P'(10000) = 795{,}62 \text{ DM} (= 1{,}02614 \cdot {}_{10}P);$$

$$_{10}V(P) = \frac{84{,}81}{775{,}35} \cdot S = 1093{,}8 \text{ DM};$$

$$_{10}V(P') = \frac{97{,}47}{795{,}62} \cdot S = 1225{,}1 \text{ DM} (= 1{,}12 \cdot {}_{10}V(P)).$$

Die übrigen Fälle b), c), d) sind ebenso zu behandeln!

Abschnitt II.

Die Rückgewähr der Prämien ohne Zuschlag.

A. Entwicklung der Formeln.

§ 1. Die Berechnung des Zuschlags.

Nachdem der Zuschlag Z nicht zurückgewährt wird, ist durch ihn nur das Risiko der Rückgewähr des vereinbarten Teils der Normalprämien P zu decken. Diese zusätzliche Leistung ist wie in Abschnitt I eine abgekürzte Todesfallversicherung mit steigender Summe bzw. eine Erlebensfallversicherung auf die Summe $k \cdot n \cdot P$.

In den Fällen a), b) und c) ist

$$_nZ \cdot (N_x - N_{x+n}) = k \cdot {_nP} \cdot (R_x - R_{x+n} - n \cdot M_{x+n});$$

im Fall d) ist

$$_nZ \cdot (N_x - N_{x+n}) = k \cdot n \cdot {_nP} \cdot D_{x+x}.$$

Die Berechnung der Normalprämie P erfolgt wie in Abschnitt I; die Gesamtprämie ist $_nP'' = {_nP} + {_nZ}$.

§ 2. Die Berechnung der Prämienreserve nach m Jahren.

Wir wollen nur für den Fall der Erlebensfallversicherung die Formeln entwickeln; die übrigen Fälle sind ähnlich zu behandeln.

$$\begin{aligned} D_{x+m} \cdot {_mV(P'')} &= ({_nP} + {_nZ})(N_x - N_{x+m}) - \\ &\qquad - k \cdot {_nP} \cdot (R_x - R_{x+m} - m \cdot M_{x+m}) \\ &= {_nP} \cdot (N_x - N_{x+m} - k \cdot (R_x - R_{x+m} - \\ &\qquad - m \cdot M_{x+m})) + {_nZ} \cdot (N_x - N_{x+m}). \end{aligned}$$

Infolge der Relationen:

$$S \cdot D_{x+m} = {_mP} \cdot (N_x - N_{x+m}), \quad D_{x+m} \cdot {_mV(P)} = {_nP} \cdot (N_x - N_{x+m})$$

und

$$_mZ \cdot (N_x - N_{x+m}) = k \cdot {_mP} \cdot (R_x - R_{x+m} - m \cdot M_{x+m})$$

erhalten wir nach einigen Umformungen die Darstellung:

$$_mV(P'') = {}_mV(P) \cdot \left(1 - \frac{_mZ}{_mP}\right) + \frac{_nZ}{_mP} \cdot S.$$

B. *Numerische Beispiele zur Rückgewähr der Prämien ohne Zuschlag.*

1. Die Berechnung des Zuschlags.

Wie in Abschnitt I sei $x = 30$, $n = 35$, $k = \frac{1}{2}$;
$S = 10000$ DM bzw. $R = 1000$ DM.

Für die Fälle a), b) und c) ist

$$_{35}Z \cdot 572545 = {}_{35}P \cdot 74362{,}5, \quad \text{d. h.} \quad {}_{35}Z = 0{,}128 \cdot {}_{35}P;$$

im Falle d) ist

$$_{35}Z \cdot 572545 = {}_{35}P \cdot 84980, \quad \text{d. h.} \quad {}_{35}Z = 0{,}148 \cdot {}_{35}P.$$

Wir haben also die Zusammenstellung:

	DM	DM	DM	DM
a)	$P =$ 84,81,	$P' =$ 97,47,	$Z =$ 10,86,	$P'' =$ 95,67
b)	$P =$ 73,12,	$P' =$ 84,03,	$Z =$ 9,37,	$P'' =$ 82,49
c)	$P =$ 60,08,	$P' =$ 69,05,	$Z =$ 7,70,	$P'' =$ 67,78
d)	$P =$ 146,89,	$P' =$ 172,49,	$Z =$ 21,80,	$P'' =$ 168,69

2. Die Berechnung der Prämienreserve nach 10 Jahren.

Wie in Abschnitt I sei nur der Fall der Erlebensversicherung ausführlich behandelt:

$$_{35}P = 84{,}81 \text{ DM}, \quad {}_{35}Z = 84{,}81 \cdot 0{,}128 = 10{,}86 \text{ DM},$$

$$_{10}Z \cdot (N_{30} - N_{40}) = {}_{10}Z \cdot 266981$$
$$= {}_{10}P \cdot \tfrac{1}{2}(R_{30} - R_{40} - 10\, M_{40}) = {}_{10}P \cdot 6880;$$

$$_{10}P = 775{,}35 \text{ DM}, \quad {}_{10}Z = 775{,}35 \text{ DM} \cdot 0{,}02548 = 19{,}76 \text{ DM},$$

$$_{10}V(P) = 1093{,}8 \text{ DM}.$$

Danach ergibt sich für die entsprechende Reserve bei Prämienrückgewähr ohne Zuschlag:

$$_{10}V(P'') = {}_{10}V(P) \cdot \left(1 - \frac{_{10}Z}{_{10}P}\right) + \frac{_{35}Z \cdot S}{_{10}P}$$

$$= 1093{,}8 \cdot (1 - 0{,}02548) + 140{,}1$$

$$= 1065{,}9 + 140{,}1 = 1206 \text{ DM.}$$

Die übrigen Fälle sind ähnlich zu behandeln.

Wie zu erwarten, hat die Reserve ohne Rückgewähr den kleinsten Wert: 1093,8 DM und die Reserve bei Rückgewähr der halben Gesamtprämie den größten Wert: 1225,1 DM, während die Reserve bei Rückgewähr der halben Prämie ohne Zuschlag: 1206,0 DM dazwischen, jedoch mehr gegen den letzteren Wert hin liegt.

VIII. Kapitel.

Die Versicherung verbundener Leben.

§ 1. Zwei Aufgaben aus der Wahrscheinlichkeitsrechnung.

Bevor wir die verschiedenen Arten von Versicherungen verbundener Leben näher erörtern, seien zwei wichtige Aufgaben aus der Wahrscheinlichkeitsrechnung kurz behandelt, deren Lösung bei der Aufstellung der Prämien für die Versicherung verbundener Leben mit Vorteil verwendet wird.

1. Aufgabe. In s aufeinanderfolgenden Versuchen sei mit den voneinander unabhängigen Wahrscheinlichkeiten p_ν zu erwarten, daß ein bestimmtes Ereignis E eintritt; $q_\nu = 1 - p$ sei die W. für das Gegenereignis E', d. h. die W. dafür, daß E im ν-ten Versuch ($\nu = 1, 2, \ldots, s$) nicht auftritt.

Wie groß ist die W. $P_{(m)s}$, daß innerhalb dieser s Versuche E genau m-mal, also E' genau $n = s - m$-mal eintritt?

Die 2^s Glieder des Produkts

$$\prod_{\nu=1}^{s} (p_\nu + q_\nu) = 1$$

stellen je die W. einer der 2^s möglichen Aufeinanderfolgen von E und E' dar. Handelt es sich um keine vorbestimmte Aufeinanderfolge von m-mal E und n-mal E', sondern um alle möglichen Aufeinanderfolgen, so hat man die Summe aller $\binom{s}{m}$ Glieder von $\prod$, welche aus je m Faktoren p und n Faktoren q bestehen, zu bilden.

Zu dem gleichen Ziel gelangt man, wenn man von der erzeugenden Funktion

$$\prod_{\nu=1}^{s} (p_\nu \cdot t + q_\nu) = \sum_{m=0}^{s} P_{(m)s} \cdot t^m$$

ausgeht und den Koeffizienten von t^m bestimmt.

Der erste Summand von den $\binom{s}{m}$ Summanden, aus denen $P_{(m)s}$ besteht, ist

$$p_1 \cdot p_2 \cdots p_m \cdot q_{m+1} \cdot q_{m+2} \cdots q_s$$
$$= p_1 \cdot p_2 \cdots p_m \cdot (1 - p_{m+1})(1 - p_{m+2}), \ldots, (1 - p_s).$$

Führt man bei diesem Summanden die Multiplikationen aus, so treten Produkte mit einer Anzahl von

$$m + i \; (i = 0, 1, \ldots, s - m)$$

Faktoren p auf; ebenso bei jedem weiteren Summanden. Die gesuchte W. $P_{(m)s}$ erhält damit die Form

$$P_{(m)s} = \sum_{i=0}^{s-m} A_i \cdot S_{m+i};$$

dabei bedeutet S_{m+i} die Summe aller $\binom{s}{m+i}$ möglichen Produkte von $m + i$ Faktoren p; die Koeffizienten A_i hängen als reine Zahlenfaktoren nur von i, m und s ab, nicht aber von den W. p_ν. Wir können also zur Bestimmung der A_i alle $p_\nu = p$ setzen.

Dabei geht die erzeugende Funktion in die bekannte Bernoullische Funktion $(pt+q)^s$ über und S_{m+i} in $\overline{S_{m+i}} = \binom{s}{m+i} p^{m+i}$; für diesen Fall schreiben wir $\overline{P_{(m)s}}$. Die Koeffizienten A_i ergeben sich aus der folgenden Identität:

$$\overline{P_{(m)s}} = \binom{s}{m} p^m q^n = \binom{s}{m} p^m (1-p)^{s-m}$$

$$= \binom{s}{m} p^m \sum_{i=0}^{s-m} (-1)^i \binom{s-m}{i} p^i$$

$$= \sum_{i=0}^{s-m} A_i \overline{S_{m+i}} = \sum_{i=0}^{s-m} A_i \binom{s}{m+i} p^{m+i};$$

$$A_i = \frac{(-1)^i \cdot \binom{s-m}{i}\binom{s}{m}}{\binom{s}{m+i}} = (-1)^i \cdot \binom{m+i}{i} \qquad (i = 0, 1, \ldots, s-m).$$

Die gesuchte W. $P_{(m)s}$ nimmt folgende Form an:

$$P_{(m)s} = \sum_{i=0}^{s-m} (-1)^i \binom{m+i}{i} S_{m+i}$$

$$= S_m - \binom{m+1}{1} S_{m+1} + \binom{m+2}{2} S_{m+2} + \cdots$$

$$\cdots + (-1)^{s-m} \binom{s}{s-m} S_s.$$

Bedienen wir uns für die S_k der symbolischen Schreibweise der Potenz S^k, wobei gemäß der Natur der S_k jede Potenz S^k für $k > s$ gleich 0 ist, so wird

$$P_{(m)s} = S^m \sum_{i=0}^{\infty} (-1)^i \binom{m+i}{i} S^i = \frac{S^m}{(1+S)^{m+1}}$$

die auf die prägnanteste Form gebrachte Lösung der Aufgabe 1.

2. **Aufgabe.** Der Tatbestand ist der gleiche wie in Aufgabe 1, jedoch wird nach der Wahrscheinlichkeit $P_{[m]s}$ gefragt, daß in diesen s-Versuchen das Ereignis E mindestens m-mal auftritt:

$$P_{[m]s} = \sum_{\nu=0}^{s-m} P_{(m+\nu)s} = \sum_{\nu=0}^{s-m} \sum_{i=0}^{s-m-\nu} (-1)^i \binom{m+\nu+i}{i} S_{m+\nu+i}.$$

Die einfachste Berechnung von $P_{[m]s}$ ergibt sich durch eine Anordnung der einzelnen Zeilen dieser Doppelsumme, bei welcher Glieder mit dem gleichen Faktor $S_{m+\nu'} (\nu' = 0, 1, \ldots\ s-m)$ in der Spalte ν' untereinander zu stehen kommen; wir brauchen dann nur die Glieder spaltenweise von unten nach oben zu summieren.

Gemäß dem Aufbau der Kombinationszahlen $\binom{m+\nu'}{k}$ gilt:

$$\sum_{k=0}^{\nu'} (-1^k) \binom{m+\nu'}{k} = (-1)^{\nu'} \cdot \binom{m+\nu'-1}{\nu'},$$

also:

$$P_{[m]s} = \sum_{\nu'=0}^{s-m} \sum_{k=0}^{\nu'} (-1)^k \binom{m+\nu'}{k} \cdot S_{m+\nu'}$$

$$= \sum_{\nu'=0}^{s-m} (-1)^{\nu'} \cdot \binom{m+\nu'-1}{\nu'} \cdot S_{m+\nu'}$$

$$= S_m - \binom{m}{1} \cdot S_{m+1} + \binom{m+1}{2} \cdot S_{m+2} +$$

$$+ \cdots (-1)^{s-m} \binom{s-1}{s-m} S_s \approx \frac{S^m}{(1+S)^m}$$

Man erhält dasselbe Ergebnis durch die Summation der symbolischen Form für

$$P_{(m+i)s} = \frac{S^{m+i}}{(1+S)^{m+i+1}}:$$

$$P_{[m]s} = \frac{S^m}{(1+S)^{m+1}} \sum_{i=0}^{\infty} \left(\frac{S}{1+S}\right)^i$$

$$= \frac{S^m}{(1+S)^{m+1}\left(1 - \frac{S}{1+S}\right)} = \frac{S^m}{(1+S)^m}.$$

Kennt man die Größen $P_{(m)s}$ der Aufgabe 1, so läßt sich $P_{[m]s}$ sehr leicht aus der Identität

$$P_{[m]s} = S \cdot P_{(m-1)s}$$

bestimmen.

Anmerkung: Die Wahrscheinlichkeit $P_{<m>s}$ dafür, daß das Ereignis E in den s-Versuchen der Aufgabe 1 höchstens m-mal auftritt, ist:

$$P_{<m>s} = \sum_{\lambda=0}^{m} P_{(\lambda)s} = \frac{1}{1+S} \sum_{\lambda=0}^{m} \left(\frac{S}{1+S}\right)^{\lambda}$$

$$= \frac{1 - \left(\frac{S}{1+S}\right)^{m+1}}{(1+S)\left(1 - \frac{S}{1+S}\right)} = 1 - \left(\frac{S}{1+S}\right)^{m+1},$$

d. h. die Gegenwahrscheinlichkeit $1 - P_{<m>s}$ ist identisch mit der Wahrscheinlichkeit

$$P_{[m+1]s} = \left(\frac{S}{1+S}\right)^{m+1},$$

daß das Ereignis E mindestens $(m+1)$-mal auftritt.

§ 2. Die verschiedenen Erlebenswahrscheinlichkeiten bei verbundenen Leben.

A. Der Begriff der verbundenen Leben.

Sind s Personen des Alters $x_\nu (\nu = 1, 2, s)$ einer geschlossenen Gruppe gleichzeitig an einer Versicherung beteiligt, so daß die Auszahlung der Versicherungssumme an die Bedingung geknüpft ist, daß eine bestimmte Anzahl m von Personen dieser Gruppe an dem vereinbarten Termin noch am Leben ist, so spricht man von einer Versicherung verbundener Leben.

B. Die Anwendung der beiden Sätze des § 1.

Um diese Sätze — welche auch dann gelten, wenn die Versuche nicht nacheinander, sondern gleichzeitig angestellt werden — in unserem Fall anwenden zu können, müssen wir voraussetzen, daß die W. ${}_np_{x_\nu}$ für die einzelnen Mitglieder der Gruppe noch n Jahre zu leben, voneinander unabhängig sind.

a) Die n-jährige Erlebenswahrscheinlichkeit der geschlossenen Gruppe.

(Fall $m = s$.)

Diese W. ${}_np^{(s)}_{x_1, x_2, \ldots, x_s}$ ist gleich dem Produkt der n-jährigen Erlebenswahrscheinlichkeiten ${}_np_{x_\nu}$ $(\nu = 1, 2, \ldots, s)$ der einzelnen s Mitglieder·

$$ {}_np^{(s)}_{x_1, x_2, \ldots, x_s} = P_{(s)s} = S_s = \prod_{\nu=1}^{s} {}_np_{x_\nu} . $$

Bezeichnet man mit $l_{x_1, x_2, \ldots, x_s} = \prod\limits_{\nu=1}^{s} l_{x_\nu}$ die mögliche Zahl aller Gruppen mit je einem Mitglied des Alters x_ν, mit $l_{x_1+n,\, x_2+n,\, \ldots,\, x_s+n}$ dieselbe Zahl für die Alter $x_\nu + n$, so ist

$$ {}_n p^{(s)}_{x_1,\, x_2,\, \ldots,\, x_s} = \frac{l_{x_1+n,\, x_2+n,\, \ldots,\, x_s+n}}{l_{x_1,\, x_2,\, \ldots,\, x_s}} = \prod_{\nu=1}^{s} \frac{l_{x_\nu+n}}{l_{x_\nu}} = \prod_{\nu=1}^{s} {}_n p_{x_\nu}. $$

Dieses Ergebnis ist davon unabhängig, ob man für die l_{x_ν} je eine andere, oder ob man immer dieselbe Sterbetafel verwendet.

b) Die verschiedenen n-jährigen Erlebenswahrscheinlichkeiten innerhalb der Gruppe. (allgemeiner Fall m).

Nach Satz 1, § 1 ist die Wahrscheinlichkeit, daß gerade m Mitglieder der Gruppe nach n Jahren noch am Leben sind, gegeben durch:

$$ {}_n p^{(m)}_{x_1,\, x_2,\, \ldots,\, x_s} = P_{(m)s} = \frac{S^m}{(1+S)^{m+1}}. $$

Nach Satz 2, § 1 ist die Wahrscheinlichkeit, daß nach n Jahren mindestens m Mitglieder der Gruppe noch am Leben sind, gegeben durch

$$ {}_n p^{[m]}_{x_1,\, x_2,\, \ldots,\, x_s} = P'_{[m]s} = \frac{S^m}{(1+S)^m}. $$

C. Beispiele: $s = 2$:

a) $P_{(0)2} = S_0 - S_1 + S_2 = 1 - (p_1 + p_2) + p_1 \cdot p_2 = q_1 \cdot q_2,$

$P_{(1)2} = S_1 - 2S_2 = (p_1 + p_2) - 2p_1 \cdot p_2 = p_1 \cdot q_2 + p_2 \cdot q_1,$

$P_{(2)2} = S_2 = p_1 \cdot p_2 = p_1 \cdot p_2;$

b) $P_{[0]2} = S_0 = 1 = 1,$

$P_{[1]2} = S_1 - S_2 = (p_1 + p_2) - p_1 \cdot p_2 = 1 - q_1 \cdot q_2,$

$P_{[2]2} = S_2 = p_1 \cdot p_2 = p_1 \cdot p_2.$

$$s = 3:$$

a) $P_{(0)3} = S_0 - S_1 + S_2 - S_3$
$= 1 - (p_1 + p_2 + p_3) + (p_1 p_2$
$+ p_1 p_3 + p_2 p_3) - p_1 p_2 p_3 = q_1 q_2 q_3,$

$P_{(1)3} = S_1 - 2S_2 + 3S_3$
$= (p_1 + p_2 + p_3) - 2(p_1 p_2 + p_1 p_3 + p_2 p_3) + 3p_1 p_2 p_3$
$= p_1 q_2 q_3 + p_2 q_3 q_1 + p_3 q_1 q_2,$

$P_{(2)3} = S_2 - 3S_3 = (p_1 p_2 + p_1 p_3 + p_2 p_3) - 3p_1 p_2 p_3$
$= p_1 p_2 q_3 + p_1 p_3 q_2 + p_2 p_3 q_1,$

$P_{(3)3} = S_3 = p_1 p_2 p_3 = p_1 p_2 p_3;$

b) $P_{[0]3} = S_0 = 1 = 1,$

$P_{[1]3} = S_1 - S_2 + S_3$
$= (p_1 + p_2 + p_3) - (p_1 p_2 + p_1 p_3 + p_2 p_3) + p_1 p_2 p_3$
$= 1 - q_1 q_2 q_3,$

$P_{[2]3} = S_2 - 2S_3 = (p_1 p_2 + p_1 p_3 + p_2 p_3) - 2p_1 p_2 p_3$
$= 1 - p_1 q_2 q_3 - p_2 q_3 q_1 - p_3 q_1 q_3 - q_1 q_2 q_3,$

$P_{[3]3} = S_3 = p_1 p_2 p_3 = p_1 p_2 p_3.$

Wie man sieht, kann man für $s = 2$ und auch noch für $s = 3$ ohne große Schwierigkeit die betreffenden Wahrscheinlichkeiten auch unmittelbar aufstellen; bei $s = 4$ und mehr Gliedern bietet die Verwendung der (symbolischen) Methode des § 1 nicht nur theoretisch, sondern auch praktisch gegenüber der direkten Aufstellung erhebliche Vorteile.

Ihre Anwendung finden die aufgestellten Wahrscheinlichkeiten bei der Berechnung der Barwerte der Renten und Kapitalversicherungen verbundener Leben in § 4.

§ 3. Die Intensität der stetigen Auflösung einer Gruppe und die verschiedenen Erlebens- und Sterbenswahrscheinlichkeiten innerhalb der Gruppe.

A. Die Auflösungsintensität einer geschlossenen Gruppe.

Setzt man für die einzelnen Mitglieder des Alters x_ν stetige Absterbeordnungen $l(x_\nu + \tau)$ mit der Sterbeintensität $\mu(x_\nu + \tau)$ voraus, so ergibt sich aus der Definition

$$l(x_1 + \tau, x_2 + \tau, \ldots, x_s + \tau) = \prod_{\nu=1}^{s} l(x_\nu + \tau)$$

für die Auflösungsintensität der Gruppe:

$$\mu(x_1 + \tau, x_2 + \tau, \ldots, x_s + \tau) = \frac{-dl(x_1 + \tau, x_2 + \tau, \ldots)}{l(x_1 + \tau, x_2 + \tau, \ldots)\, d\tau}$$

$$= -\sum_{\nu=1}^{s} \frac{dl(x_\nu + \tau)}{l(x_\nu + \tau)\, d\tau} = \sum_{\nu=1}^{s} \mu(x_\nu + \tau).$$

Die Auflösungsintensität einer geschlossenen Gruppe ist gleich der Summe der Sterbeintensitäten der einzelnen Mitglieder; die Intensitäten der einzelnen voneinander unabhängigen Vorgänge superponieren sich zu der Intensität des aus ihnen zusammengesetzten Vorgangs der Auflösung der geschlossenen Gruppe.

B. Die Erlebenswahrscheinlichkeit einer geschlossenen Gruppe.

$${}_tp^{(s)}_{x_1, x_2, \ldots, x_s} = e^{-\int_0^t \mu(x_1+\tau,\, x_2+\tau,\, \ldots)\, d\tau}$$

$$= \prod_{\nu=1}^{s} e^{-\int_0^t \mu(x_\nu+\tau)\, d\tau} = \prod_{\nu=1}^{s} {}_tp_{x_\nu}.$$

Sie ergibt sich (wie in § 2A) als das Produkt der Erlebenswahrscheinlichkeiten der einzelnen Mitglieder.

C. Sonstige Wahrscheinlichkeiten.

1. Mit Hilfe der Auflösungsintensität einer geschlossenen Gruppe läßt auch die Wahrscheinlichkeit dafür ableiten, daß die Gruppe geschlossen einen bestimmten Zeitpunkt t erlebt und dann (durch den Tod eines ihrer Mitglieder) aufgelöst wird.

NB.: Die W., daß mehrere Mitglieder in diesem Zeitpunkt gleichzeitig sterben, ist unendlich klein von höherer Ordnung, kann also unberücksichtigt bleiben.

Die gesuchte W.

$$
{}_tp^{(s)}_{x_1, x_2, \ldots,} \cdot \mu(x_1 + t, x_2 + t, \ldots)\, dt
$$

$$
= \sum_{\nu=1}^{s} \mu(x_\nu + t) \cdot e^{-\int\limits_0^t \sum\limits_{\nu=1}^{s} \mu(x_\nu+\tau)\, d\tau} = \sum_{\nu=1}^{s} {}_tp_{x_\nu} \cdot \mu(x_\nu + t)\, dt
$$

ist gleich der Summe der Wahrscheinlichkeiten, daß die Gruppe durch den Tod eines bestimmten Mitglieds in diesem Zeitpunkt t aufgelöst wird.

2. Die Wahrscheinlichkeit, daß ein Mitglied des Alters x_λ als letztes Glied der Gruppe im Zeitpunkt t stirbt, ist:

$$
\prod_{\nu=1}^{s}{}' \, {}_tq_{x_\nu} \cdot \mu(x_\lambda + t)\, dt
$$

$$
= \prod_{\nu=1}^{s}{}' \left(1 - e^{-\int\limits_0^t \mu(x_\nu+\tau)\, d\tau}\right) \cdot \mu(x_\lambda + t)\, dt,
$$

wobei das Produkt $\prod'$ über alle $\nu \neq \lambda$ zu nehmen ist.

Nach diesen Richtlinien lassen sich für die verschiedensten Möglichkeiten innerhalb einer Gruppe von verbundenen Leben die entsprechenden Wahrscheinlichkeiten aufstellen.

§ 4. Die Berechnung des Barwertes der verschiedenen Rentenarten verbundener Leben.

A. Zwei verbundene Leben.

Gruppe I:

1. Die Verbindungsrente

$$m = s = 2.$$

Die Rente 1 wird zu Beginn jedes Jahres bezahlt, wenn in diesem Zeitpunkt noch beide Personen leben, d. h. bis zum 1. Tod.

$$\mathrm{a}_{xy}^{(2)} = \sum v^{\nu} \cdot {}_{\nu}p_{xy}^{(2)} = \sum v^{\nu} \cdot {}_{\nu}p_x \cdot {}_{\nu}p_y.$$

Gemäß den Definitionen

$$D_{xy} = v^x \cdot l_x \cdot l_y = D_x \cdot l_y \quad \text{und} \quad N_{xy} = \sum D_{xy}$$

erhält man (in der allgemein üblichen Schreibweise) die Form:

$$\mathrm{a}_{xy} = \frac{N_{xy}}{D_{xy}}.$$

(Vgl. V. M. I. Kap. V, § 3a, S. 130.)

2. Die Überlebensrente

$$m = 1, \quad s = 2.$$

Die Rente 1 wird erst bezahlt, wenn nur mehr eine Person am Leben ist, d. h. vom 1. bis zum 2. Tod.

$$\mathrm{a}_{xy}^{(1)} = \sum v^{\nu} \cdot {}_{\nu}p_{xy}^{(1)} = \mathrm{a}_x + \mathrm{a}_y - 2\,\mathrm{a}_{xy}.$$

Gruppe II:

Die Verbindungsrente mit vollständigem Übergang an die überlebende Person:

Die Rente 1 wird bezahlt, solange wenigstens eine Person noch lebt, d. h. bis zum 2. Tod.

$$\mathfrak{a}_{xy}^{[1]} = \sum v^\nu \cdot {}_\nu p_{xy}^{[1]} = \mathfrak{a}_x + \mathfrak{a}_y - \mathfrak{a}_{xy}.$$

(Vgl. V. M. I. Kap. V, § 3d, S, 132.)

I 1. und I 2. zusammen ergeben II.

B. Drei verbundene Leben.

Gruppe I:

1. Die Verbindungsrente schlechthin

$$m = s = 3.$$

Die Rente 1 läuft so lange, als alle 3 Personen noch am Leben sind, d. h. bis zum 1. Tod.

$$\mathfrak{a}_{xyz}^{(3)} = S_3 = \mathfrak{a}_{xyz}.$$

2. $m = 2$, $s = 3$.

Die Rente 1 läuft so lange, als 2 Personen am Leben sind, d. h. vom 1. bis zum 2. Tod.

$$\mathfrak{a}_{xyz}^{(2)} = S_2 - 3 S_3 = \mathfrak{a}_{xy} + \mathfrak{a}_{yz} + \mathfrak{a}_{zx} - 3 \mathfrak{a}_{xyz}$$

3. $m = 1$, $s = 3$.

Die Rente 1 läuft nur, wenn eine Person am Leben ist, d. h. vom 2. bis zum 3 Tod.

$$\mathfrak{a}_{xyz}^{(1)} = S_1 - 2 S_2 + 3 S_3 = \mathfrak{a}_x + \mathfrak{a}_y + \mathfrak{a}_z - 2(\mathfrak{a}_{xy} + \mathfrak{a}_{yz} + \mathfrak{a}_{zx}) + 3 \mathfrak{a}_{xyz}.$$

Gruppe II:

1. $m = 2$, $s = 3$.

$$\mathfrak{a}_{xyz}^{[2]} = S_2 - 2 S_3 = \mathfrak{a}_{xy} + \mathfrak{a}_{yz} + \mathfrak{a}_{zx} - 2 a_{xyz}.$$

Die Rente 1 läuft so lange, als wenigstens 2 am Leben sind, d. h. bis zum 2. Tod.

2. $m = 1$, $s = 3$.

$$a^{[1]}_{xyz} = S_1 - S_2 + S_3 = a_x + a_y + a_z - (a_{xy} + \\ + a_{yz} + a_{zx}) + a_{xyz}.$$

Die Rente 1 läuft so lange, als wenigstens eine Person noch am Leben ist, d. h. bis zum 3. Tod.

Gruppe III:

$m = 1$ und $m = 2$, $s = 3$.

$$a^{<2>}_{xyz} = S_1 - S_2 = a_x + a_y + a_z - (a_{xy} + a_{yz} + a_{zx}).$$

Die Rente 1 läuft so lange, als entweder eine oder 2 (also höchstens 2) Personen am Leben sind, d. h. vom 1. bis zum 3. Tod.

NB.: Der Fall $m = 0$ kommt bei den Renten nicht in Betracht.

Anmerkung: Die Kapitalversicherungen, wie die zugehörigen Prämien- und Reserveberechnungen, lassen sich nach diesen Richtlinien genau so behandeln wie die entsprechenden Berechnungen für ein Leben, um so mehr, als auch hier zwischen der einmaligen Prämie für die Kapitalversicherung und der zugehörigen verbundenen Rente die entsprechende Relation $A \cdots = 1 - d \cdot a \ldots$ besteht.

Für 2 verbundene Leben sei auf die entsprechenden Berechnungen in V. M. I. Kap. V, § 4, S. 137 f hingewiesen, wo ausführliche Beispiele durchgeführt sind.

§ 5. Näherungsmethoden zur Darstellung der terminlichen und kontinuierlichen Verbindungsrente für 2 Personen.

Würde man wie bei einer Person für die geschlossene Gruppe die Annahme

$$l_{x+n+\frac{s}{m},\, y+n+\frac{s}{m}} = l_{x+n,\, y+n} - \frac{s}{m} \cdot (l_{x+n,\, y+n} - l_{xy})$$

machen, so würde sich gegenüber dem Kap. III, § 3, S. 59f. Näherungsmethode II nichts ändern.

Wir wollen aber die Annahme gleichmäßigen Absterbens für jedes einzelne Mitglied machen; dabei gibt sich Gelegenheit, die Methode II von einem allgemeinen Gesichtspunkt aus systematisch zu behandeln.

a) Terminlich nachschüssige Zahlung der Verbindungsrente.

Die Grundfunktion

$$\frac{1}{m} \cdot \varphi^{m \cdot n + s} \cdot \frac{l_{x+n+\frac{s}{m}} \cdot l_{y+n+\frac{s}{m}}}{l_x \cdot l_y}$$

gibt den durch $l_x \cdot l_y$ geteilten Barwert einer Zahlung je $\frac{1}{m}$ an die $l_{x+n+\frac{s}{m}} \cdot l_{y+n+\frac{s}{m}}$ Paare, welche von den in die Versicherung eingetretenen $l_x \cdot l_y$ Paaren am Ende des s. Abschnittes des $n+1$. Versicherungsjahres noch vorhanden sind. Näherungsweise wird dann

$$\begin{aligned} l_{x+n+\frac{s}{m}} \cdot l_{y+n+\frac{s}{m}} &= \left(\frac{m-s}{m} \cdot l_{x+n} + \frac{s}{m} \cdot l_{x+n+1}\right) \cdot \\ &\quad \left(\frac{m-s}{m} \cdot l_{y+n} + \frac{s}{m} l_{y+n+1}\right) \\ &= \frac{(m-s)^2}{m^2} \cdot l_{x+n} \cdot l_{y+n} \\ &\quad + \frac{(m-s)s}{m^2} \left(l_{x+n} \cdot l_{y+n+1} + l_{x+n+1} \cdot l_{y+n}\right) \\ &\quad + \frac{s^2}{m^2} \cdot l_{x+n+1} \cdot l_{y+n+1} \cdot \end{aligned}$$

Die Summation nach n geht bis an das Ende der Tafel des ältesten Mitglieds und zeigt keine besondere Schwierigkeiten.

Bei der für jedes Versicherungsjahr gleichbleibenden Summation nach s treten folgende Summen auf:

$$S_0 = \frac{1}{m} \sum_{s=1}^{m} \varphi^s, \quad S_1 = \frac{1}{m^2} \sum_{s=1}^{m} s \cdot \varphi^s, \quad S_2 = \frac{1}{m^3} \sum_{s=1}^{m} s^2 \cdot \varphi^s;$$

die beiden ersteren Summen sind bereits bekannt:

$$S_0 = \frac{i \cdot v}{j_m} = \frac{d}{j_m}, \qquad S_1 = \frac{i - d_m}{j_m d_m} \cdot v = \frac{d - d_m \cdot v}{j_m \cdot d_m}$$

(Vgl. Kap. I, § 3a und § 5 II 3 und Kap. III, § 3 II.)

Das Polynom $P_k = \sum_{s=1}^{m} s^k \cdot \varphi^s$ läßt sich ganz allgemein in folgender Weise durch die vorhergehenden Polynome P_{k-1}, $P_{k-2}, \ldots, P_0$ ausdrücken:

$$P_k(1 - \varphi) = \sum_{s=1}^{m} (s^k - (s-1)^k)\varphi^s - m^k \cdot \varphi^{m+1}$$

$$= \sum_{\lambda=1}^{k} \binom{k}{\lambda} (-1)^{\lambda+1} P_{k-\lambda} - m^k \cdot \varphi^{m+1}.$$

Berücksichtigt man noch

$$m(1 - \varphi) = j_m \cdot \varphi = d_m,$$

so erhalten wir die Darstellung:

$$P_k = \frac{m}{d_m}\left(\sum_{\lambda=1}^{k} (-1)^{\lambda+1} \binom{k}{\lambda} P_{k-\lambda} - m^k \cdot \varphi \cdot v \right) (k = 1, 2, 3, \ldots)$$

$$k = 1 \qquad P_1 = \frac{m}{d_m}(P_0 - m \cdot \varphi \cdot v)$$

$$k = 2 \qquad P_2 = \frac{m}{d_m}(2P_1 - P_0 - m^2 \cdot \varphi \cdot v) \text{ usw.}$$

Nun ist

$$S_0 = \frac{P_0}{m} = \frac{1-\varphi^m}{m(1-\varphi)} = \frac{i}{j_m} \cdot v = \frac{d}{j_m}$$

$$S_1 = \frac{P_1}{m^2} = \frac{i - j_m \varphi}{j_m^2 \varphi} \cdot v = \frac{i - d_m}{j_m \cdot d_m} \cdot v = \frac{d - d_m \cdot v}{j_m \cdot d_m}$$

$$S_2 = \frac{P_2}{m^3} = \frac{2(i - j_m \varphi) - i(1-\varphi) - j_m^2 \varphi^2}{j_m^3 \varphi^2} \cdot v$$

$$= \frac{i(1+\varphi) - 2d_m - d_m^2}{j_m \cdot d_m^2} \cdot v$$

$$= \frac{d(1+\varphi) - 2dm \cdot v - d_m^2 \cdot v}{j_m \cdot d_m^2} \quad \text{usw.}$$

Wir bilden noch

$$S_0 - 2S_1 + S_2 = \frac{\sum_{s=1}^{m} (m-s)^2 \cdot \varphi^s}{m^3} = \frac{d_m^2 - 2d_m + d(1+\varphi)}{j_m \cdot d_m^2}$$

$$S_1 - S_2 = \frac{\sum_{s=1}^{m} s \cdot (m-s) \varphi^s}{m^3} = \frac{d_m(1+v) - d(1+\varphi)}{j_m \cdot d_m^2}.$$

Führen wir für die Summation nach n die diskontierten Lebenden und die Rentenwerte bei ganzjähriger Auszahlung ein, so erhalten wir folgende Annäherung der terminlichen nachschüssigen Verbindungsrente:

$${}^{(m)}a_{xy} \approx (S_0 - 2S_1 + S_2) \cdot \mathbf{a}_{xy} + (S_1 - S_2) \cdot \left(\mathbf{a}_{x,y+1} \cdot \frac{l_{y+1}}{l_y} + \right.$$

$$\left. + \, \mathbf{a}_{x+1,y} \cdot \frac{l_{x+1}}{l_x}\right) + \frac{S_2}{v} \cdot a_{xy};$$

für $m = 1$ wird $S_0 = S_1 = S_2 = v$, also identisch

$$^{(1)}a_{xy} = a_{xy}. \text{ *)}$$

Bei vorschüssiger terminlicher Zahlung der Verbindungsrente werden

$$S_0' = S_0 : \varphi = \frac{d}{d_m}; \quad S_1' = S_1 : \varphi = \frac{i - d_m}{d_m^2} \cdot v = \frac{d - d_m \cdot v}{d_m^2};$$

$$S_2' = S_2 : \varphi$$

$$= \frac{i(1+\varphi) - 2d_m - d_m^2}{d_m^3} \cdot v = \frac{d(1+\varphi) - 2d_m \cdot v - d_m^2 \cdot v}{d_m^3}.$$

b) Kontinuierliche Zahlung der Verbindungsrente.

Durch den Grenzübergang $m \to \infty$ erhält man:

$$\overline{S_0} = \frac{d}{\delta}; \quad \overline{S_1} = \frac{i - \delta}{\delta^2} \cdot v = \frac{d - \delta \cdot v}{\delta^2};$$

$$\overline{S_2} = \frac{2(i - \delta) - \delta^2}{\delta^3} \cdot v = \frac{2d - 2\delta v - \delta^2 v}{\delta^3},$$

also

$$\overline{S_0} - 2\overline{S_1} + \overline{S_2} = \frac{\delta^2 - 2\delta + 2d}{\delta^3}$$

und

$$\overline{S_1} - \overline{S_2} = \frac{\delta(1 + v) - 2d}{\delta^3},$$

---

*) Nicht zu verwechseln mit der ähnlich bezeichneten, nachschüssig zahlbaren Überlebensrente $a_{xy}^{(1)}$ in § 4 A I 2, S. 129.

so daß sich die folgende Annäherung ergibt:

$$\overline{\mathbf{a}_{xy}} \approx \frac{\delta^2 - 2\delta + 2d}{\delta^3} \cdot \mathbf{a}_{xy} +$$

$$+ \frac{\delta(1+v) - 2d}{\delta^3} \left(\mathbf{a}_{x,\,y+1} \cdot \frac{l_{y+1}}{l_y} + \mathbf{a}_{x+1,\,y} \cdot \frac{l_{x+1}}{l_x} \right) +$$

$$+ \frac{2(i-\delta) - \delta^2}{\delta^3} \cdot a_{xy}.$$

Der gleiche Näherungswert ergibt sich auch durch direkte infinitesimale Aufstellung.

Die Berechnung dieser Näherungswerte ist in beiden Fällen ziemlich zeitraubend.

Die Methode wurde hauptsächlich wegen der ihr zugrunde liegenden Prinzipien entwickelt unter Berücksichtigung der Annäherung

$$l(x+\tau) = (1-\tau) \cdot l(x) + \tau \cdot l(x+1).$$

Man kann auch hier das Integral

$$S_k = \int_0^1 \tau^k \cdot e^{-\delta\tau}\, d\tau$$

durch die Integrale $S_{k-\lambda}$ $(\lambda = 1, 2, \ldots k)$ ausdrücken;

Rekursionsformel: $\delta \cdot S_k = k \cdot S_{k-1} - e^{-\delta}$

Explizite Form: $\delta^{k+1} \cdot S_k = k!\,\{1 - [e^{\delta}]_k \cdot e^{-\delta}\}$,

wobei

$$[e^{\delta}]_k = \sum_{\nu=0}^{k} \frac{\delta^\nu}{\nu!}$$

$(k = 0, 1, 2, \ldots)!$

Zweiter Teil.

Einführung in die technischen Grundlagen der Sozialversicherung.

Vorbemerkung: Die technischen Grundlagen der Kranken- und Unfallversicherung, welche auch in das Gebiet der Sozialversicherung fallen, werden hier nicht behandelt. (Vgl. Literaturverzeichnis!)

I. Kapitel.

Die Aktiventafel und die Invalidensterbetafel.

§ 1. Die verschiedenen Wahrscheinlichkeiten.

Wir nehmen an, es sei eine gewisse Menge von erwerbstätigen Personen (Aktive) gleichen Alters x der Beobachtung unterworfen. Im Laufe einer bestimmten Beobachtungszeit (z. B. eines Jahres) treten nun aus den verschiedensten Gründen Änderungen im Bestand der Aktiven des Alters x ein:

1. Durch den Eintritt neuer Aktiver dieses Alters.

2. Durch den Austritt von Aktiven dieses Alters.

3. Durch die Invalidisierung von Aktiven, d. h. durch die Entstehung von Invaliden.

4. Durch das Ableben von Personen unserer Gruppe, teils vor, teils nach der Invalidisierung (Aktiven- bzw. Invalidensterbefälle).

5. Durch die Reaktivierung von Invaliden dieses Alters; solche Fälle mögen als Neueintritte von Aktiven behandelt werden, also unter 1 bereits berücksichtigt sein.

Es sind demnach folgende Grundwahrscheinlichkeiten zu unterscheiden:

I. p_x^{aa}: W. eines x-jährigen Aktiven, noch ein ganzes Jahr aktiv zu bleiben.

II. q_x^{aa}: W. eines x-jährigen Aktiven, im Laufe eines Jahres als Aktiver zu sterben.

III. i_x: W. eines x-jährigen Aktiven, im Laufe eines Jahres erwerbsunfähig zu werden.

Nimmt man II und III zusammen, so erhält man

IV. $q_x^{aa} + i_x$: Die W. eines x-jährigen Aktiven, im Laufe eines Jahres aus der Zahl der Aktiven auszuscheiden, sei es durch Tod in Aktivität oder durch den Eintritt der Erwerbsunfähigkeit.

Die Größen I, II und III sind miteinander durch die Gleichung verbunden:

$$p_x^{aa} + q_x^{aa} + i_x = 1.\text{*)}$$

Tabelle 1 (Dr. H. Zimmermann: Nichtzugspersonal) enthält die mit 10^5 mult. W. q_x^{aa} und i_x für die Alter 20—90.

Beispiel:

$x = 40$: $q_{40}^{aa} = 0{,}00936$, $i_{40} = 0{,}00382$, also $p_{40}^{aa} = 0{,}98682$,

d. h. von 100000 aktiven Beamten mit vollendeten 40 Lebensjahren werden im Laufe des Jahres 936 als Aktive sterben und 382 erwerbsunfähig werden; es scheiden also 1318 aus der Aktivität aus, so daß noch 98682 das 41. Lebensjahr in Aktivität durchleben.

Umständlicher sind die folgenden Wahrscheinlichkeiten zu berechnen:

V. p_x^{ai}: W. eines x-jährigen Aktiven, im Laufe eines Jahres invalid zu werden und dann den Rest des Jahres noch zu durchleben.

*) Im Anhang Seite 187ff. ist eine Auswahl der wichtigsten Tabellen der Sozialversicherung zusammengestellt!

VI. q_x^{ai}: W. eines x-jährigen Aktiven, im Laufe eines Jahres invalid zu werden und im gleichen Jahr noch zu sterben.

$$p_x^{ai} + q_x^{ai} = i_x.$$

Setzt man die Beobachtung unserer Personengruppe eine Reihe von Jahren fort, so teilt sich die Masse der Lebenden in Aktive und Invalide; der Bestand wird ein gemischter.

Für eine exakte Berechnung ist es nun notwendig, auch die Sterblichkeit der Invaliden einer gesonderten Betrachtung zu unterziehen:

VII. p_x^i: W. eines x-jährigen Invaliden, noch ein Jahr zu leben.

VIII. q_x^i: W. eines x-jährigen Invaliden, im Laufe eines Jahres zu sterben.

$$p_x^i + q_x^i = 1.$$

Tabelle 3 (Dr. H. Bentzien: Invaliden aus dem gesamten Eisenbahnbeamtenpersonal) enthält die mit 10^4 mult. W. q_x^i für die Alter 20—95.

Beispiel:

$$x = 40: \; q_{40}^i = 0{,}0558, \; p_{40}^i = 0{,}9442,$$

d. h. von 10000 Invaliden des Alters 40 werden im Laufe des Jahres 558 sterben, also 9442 das 41. Lebensjahr durchleben.

Man hat auch noch folgende zusammengesetzte Wahrscheinlichkeiten eingeführt:

IX. p_x^a: W. eines x-jährigen Aktiven, das nächste Jahr — sei es aktiv oder invalid — zu durchleben.

X. q_x^a: W. eines x-jährigen Aktiven, im Laufe eines Jahres — aktiv oder invalid — zu sterben.

$$p_x^a + q_x^a = p_x^{aa} + p_x^{ai} + q_x^{aa} + q_x^{ai}$$
$$= p_x^{aa} + q_x^{aa} + i_x = 1.$$

Sondert man schließlich den Bestand nicht in Aktive und Invalide, so hat man wie bei einer gewöhnlichen Sterbetafel:

XI. p_x: W. eines x-jährigen, noch ein Jahr zu leben.

XII. q_x: W. eines x-jährigen, im Laufe des nächsten Jahres zu sterben.

$$p_x + q_x = 1.$$

§ 2. Die Gewinnung der Grundwahrscheinlichkeiten aus der Beobachtung.

Wir machen die grundlegende vereinfachende Annahme, daß sich die Sterbefälle und die Invalidisierungen gleichmäßig über das ganze Jahr verteilen, daß sie also durchschnittlich in der Mitte des Jahres erfolgen. Eintritte, Reaktivierungen und Austritte seien in den folgenden Zahlen bereits ordnungsgemäß berücksichtigt. Es sei

1. A die beobachtete Zahl der Aktiven mit vollendeten x Lebensjahren.
2. P die beobachtete Zahl der Invaliden mit vollendeten x Lebensjahren.
3. J die beobachtete Zahl der aus A im Laufe des Jahres hervorgehenden Invaliden.
4. S_a die beobachtete Zahl der aus A im Laufe des Jahres hervorgehenden aktiven Sterbefälle.

5. S_i die beobachtete Zahl der aus P und J im Laufe des Jahres hervorgehenden invaliden Sterbefälle.

Aus diesen Zahlen erhält man folgendermaßen die Grundwahrscheinlichkeiten:

$$\left.\begin{array}{ll} \text{I. } p_x^{aa} = \dfrac{A - S_a - J}{A} & \text{II. } q_x^{aa} = \dfrac{S_a}{A} \\ \multicolumn{2}{c}{\text{III. } i_x = \dfrac{J}{A}} \end{array}\right\} \text{Aktiventafel.}$$

$$\underbrace{\text{VII. } p_x^i = \frac{P + \frac{1}{2}J - S_i}{P + \frac{1}{2}J} \qquad \text{VIII. } q_x^i = \frac{S_i}{P + \frac{1}{2}J}}_{\text{Invalidensterbetafel.}}$$

Aus diesen Wahrscheinlichkeiten ergibt sich dann, da die neu entstehenden Invaliden nur ein halbes Jahr dem Sterblichkeitsrisiko ausgesetzt sind:

$$\text{V. } p_x^{ai} = i_x \cdot \left(1 - \frac{1}{2}\, q_x^i\right) \quad \text{VI. } q_x^{ai} = \frac{1}{2}\, i_x \cdot q_x^i = \frac{\frac{1}{2}J}{A} \cdot \frac{S_i}{P + \frac{1}{2}J}$$

Beispiel:

$$x = 40\colon\ q_{40}^{ai} = \frac{1}{2}\, i_{40} \cdot q_{40}^i = \frac{1}{2} \cdot 0{,}00382 \cdot 0{,}0558 = 0{,}00011$$

$$p_{40}^{ai} = i_{40} \cdot \left(1 - \frac{1}{2}\, q_{40}^i\right) = i_{40} - q_{40}^{ai} = 0{,}00371,$$

d. h. von 100000 Aktiven des Alters 40 werden im Laufe des Jahres 382 pensioniert, 11 davon sterben noch vor Endes des Jahres, so daß 371 als Invalide das 41. Lebensjahr durchleben.

§ 3. Die Aufstellung der Aktiventafel aus den Grundwahrscheinlichkeiten.

Sind auf dem angegebenen Weg für alle in Betracht kommenden Alter x die Werte für p_x^{aa}, q_x^{aa} und i_x gewonnen, so geht die Aufstellung einer Ausscheidungsordnung für Aktive — da dieselben entweder infolge Tod in Aktivität oder infolge Invalidisierung ausscheiden — folgendermaßen vor sich:

Wir gehen aus von einer Grundmasse von $l_{20}^a = 100000$ Aktiven des vollendeten 20. Lebensjahres; im Laufe des nächsten Jahres ereignen sich

$l_{20}^a \cdot q_{20}^{aa} = 100000 \cdot 0{,}00907 = 907$ aktive Sterbefälle (d_{20}^a)

und

$l_{20}^a \cdot i_{20} = 100000 \cdot 0{,}00021 = 21$ Invalidisierungen (J_{20});

es scheiden also insgesamt 928 Personen aus der Zahl der Aktiven aus, so daß noch

$l_{20}^a \cdot p_{20}^{aa} = 100000 \cdot 0{,}99072 = 99072 = l_{21}^a$ Personen das 21. Lebensjahr als Aktive vollenden.

Führt man diese Rechnung mit den Werten der Tabelle 1 bis zum vollendeten 90. Lebensjahr durch, so erhält man die Aktiventafel, wie sie in Tabelle 1 (Anhang) mitgeteilt ist.

l_x^a bezeichnet die Zahl der Aktiven vom Alter x zu Beginn des Jahres,

d_x^a „ „ zugehörige Zahl der aktiven Sterbefälle im Laufe des Jahres,

J_x „ „ zugehörige Zahl der Invalidisierungen im Laufe des Jahres.

In der Literatur verwendet man meist die noch ausführlicheren Bezeichnungen l_x^{aa}, d_x^{aa}, D_x^{aa}, N_x^{aa}, S_x^{aa} usw.; soweit durch die einfacheren Bezeichnungen keine Unklarheiten entstehen, sollen diese im folgenden verwendet werden.

Beispiel:

$x = 40$: Von $l_{40}^a = 83473$ Aktiven des Alters 40 werden erwartungsgemäß im Laufe des nächsten Jahres $J_{40} = 319$ invalide, $d_{40}^a = 781$ scheiden infolge Tod in Aktivität aus, so daß noch $l_{40}^a - d_{40}^a - J_{40} = 83473 - 781 - 319 = 83473 - 1100 = 82373 = l_{41}^a$ Personen das 41. Lebensjahr in Aktivität vollenden.

§ 4. Die Invalidensterbetafel.

a) Einfach abgestufte Tafeln.

Diese Tafeln sind genau so wie die gewöhnlichen Sterbetafeln aufzustellen, da es sich auch hier um eine Gesamtheit von (erwerbsunfähigen) Personen handelt, deren Ausscheiden nur aus einer Ursache: durch Tod, erfolgen soll.

Legt man eine Masse von $l_{20}^i = 102581$ erwerbsunfähigen Personen des Alters 20 zugrunde, so kann man aus ihr mit Hilfe der Größen q_x^i die ganze Invalidensterbetafel (Tabelle 3 des Anhangs) ableiten:

$l_{20}^i \cdot q_{20}^i = 102581 \cdot 0{,}1044 = 10709 = d_{20}^i$ Sterbefälle, also vollenden

$l_{20}^i \cdot p_{20}^i = 102581 \cdot 0{,}8956 = 91872 = l_{21}^i$ Invalide das 21. Lebensjahr usw.

b) Doppelt abgestufte Tafeln.

Man hat bei der Beobachtung des Ausscheidens der Invalidenrentner aus dem Rentengenuß bemerkt, daß die Wahrscheinlichkeit $\sigma_{(x)+\nu}^i$ für dieses Ausscheiden nicht allein von dem bis dahin erreichten Alter $(x) + \nu$, sondern namentlich in den ersten Jahren des Rentenbezugs und besonders in den jüngeren Lebensjahren wesentlich von der bisherigen Dauer ν des Rentenbezugs abhängt.

Es ist ohne Zweifel in diesen Ausscheidungswahrscheinlichkeiten eine nicht zu unterschätzende Wahrscheinlichkeit, wieder erwerbsfähig zu werden, enthalten. Frühzeitige Invalidisierungen beruhen in der Regel auf besonders schweren akuten Erkrankungen, welche in kurzer Zeit entweder zum Tod oder zur Wiedererlangung der Erwerbsfähigkeit führen. Diese Abhängigkeit der Ausscheidungswahrscheinlichkeiten von der bisherigen Dauer des Rentenbezugs besteht nur für eine bestimmte Zahl μ von Jahren; für $\nu \geqq \mu$ ist $\sigma^i_{(x)+\nu} = \sigma^i_{x+\nu}$.

Beispiele (aus den Erfahrungen des Reichsversicherungsamts, Denkschrift 1895, S. 3628).

1. $(x) + \nu = 34$: Invalide gleichen Alters:

$$\sigma^i_{(34)+0} = 0{,}4225 \quad \sigma^i_{(33)+1} = 0{,}2455 \quad \sigma^i_{(32)+2} = 0{,}1560$$
$$\sigma^i_{(31)+3} = 0{,}1144 \quad \sigma^i_{(30)+4} = 0{,}0778 \cdot \sigma^i_{(29)+5} = 0{,}0474$$
$$\sigma^i_{(28)+6} = 0{,}0238 \quad \sigma^i_{(27)+7} = 0{,}0128 \quad \sigma^i_{(26)+8} = 0{,}0106$$
$$= \sigma^i_{34}, \text{ wenn 8 und mehr Jahre im Rentengenuß.}$$

2. $x = 34$: Invalide, welche mit dem gleichen Alter in den Rentengenuß eintraten:

$$\sigma^i_{(34)+0} = 0{,}4225 \quad \sigma^i_{(34)+1} = 0{,}2420 \quad \sigma^i_{(34)+2} = 0{,}1520$$
$$\sigma^i_{(34)+3} = 0{,}1120 \quad \sigma^i_{(34)+4} = 0{,}0770 \quad \sigma^i_{(34)+5} = 0{,}0505$$
$$\sigma^i_{(34)+6} = 0{,}0300 \quad \sigma^i_{(34)+7} = 0{,}0165 \quad \sigma^i_{(34)+8} = 0{,}0148 = \sigma^i_{42}$$
$$\sigma^i_{(34)+9} = 0{,}0154 = \sigma^i_{43} \quad \sigma^i_{(34)+10} = 0{,}0161 = \sigma^i_{44} \quad \text{usw.}$$

3. $\nu = 4 \quad x = 30, \; 31, \; 32, \; 33, \; 34$: Invalide gleicher Rentenbezugsdauer:

$$\sigma^i_{(30)+4} = 0{,}0778 \quad \sigma^i_{(31)+4} = 0{,}0776 \quad \sigma^i_{(32)+4} = 0{,}0774$$
$$\sigma^i_{(33)+4} = 0{,}0772 \quad \sigma^i_{(34)+4} = 0{,}0770 \quad \text{usw.}$$

Das 1. Beispiel zeigt deutlich, wie sehr die Ausscheidungswahrscheinlichkeit gleichaltriger Invaliden von der bisherigen Bezugsdauer abhängt.

Beispiel 2 zeigt dasselbe für Invalide gleichen Invalidisierungsalters.

Zahlenfolgen dieser Art spielen eine ausschlaggebende Rolle bei der Berechnung des Barwertes einer solchen Invalidenrente (s. Teil 2, Kap. II, §§ 2 und 9).

Die Zahlen des 3. Beispiels zeigen, daß bei gleicher bisheriger Bezugsdauer die Abhängigkeit vom Invalidisierungsalter und damit vom gegenwärtigen Alter für nicht allzu große Altersunterschiede wenig ins Gewicht fällt, wie man auch aus Vergleichen zwischen entsprechenden Zahlen des 1. und 2. Beispiels entnehmen kann.

Die sämtlichen Zahlen dieser Beispiele kann man in folgendem Bruchstück einer doppelt abgestuften Invalidenausscheidungstafel vereinigen:

x ↓ \ ν →	0	1	2	3	4	5	6	7	8 ff.
26	—	—	—	—	—	—	—	—	106
27	—	—	—	—	—	—	—	128	—
28	—	—	—	—	—	—	238	—	—
29	—	—	—	—	—	474	—	—	—
30	—	—	—	—	778	—	—	—	—
31	—	—	—	1144	776	—	—	—	—
32	—	—	1560	—	774	—	—	—	—
33	—	2455	—	—	772	—	—	—	—
34	4225	2420	1520	1120	770	505	300	165	148
35	—	—	—	—	—	—	—	—	154
36	—	—	—	—	—	—	—	—	161

NB! Die Ausscheidungswahrscheinlichkeiten $\sigma_{(x)+\nu}$ sind mit 10^4 multipliziert!

§ 5. Die Ableitung der Aktiventafel aus einem aus Aktiven und Invaliden gemischten Bestand.

Es sei die Absterbeordnung: $l_n, l_{n+1}, l_{n+2} \ldots$ eines gemischten Bestands durch die einjährigen Sterbenswahrscheinlichkeiten q_n, q_{n+1}, $q_{n+2} \ldots$ gegeben; außerdem seien noch die Wahrscheinlichkeiten $i_n, i_{n+1}, i_{n+2} \ldots$ invalid zu werden und die Wahrscheinlichkeiten eines Invaliden $q_n^i, q_{n+1}^i, q_{n+2}^i \ldots$, aus dem Genuß der Rente durch Tod auszuscheiden, bekannt. Man kann dann auf die folgende Weise die Aktiventafel $l_n^a, l_{n+1}^a, l_{n+2}^a \ldots$ und damit auch die Wahrscheinlichkeiten $q_n^{aa}, q_{n+1}^{aa}, q_{n+2}^{aa} \ldots$ eines Aktiven, in Aktivität zu sterben, ableiten.

Wir gehen von einem Alter n aus, in welchem nur Erwerbsfähige vorhanden sind:

$$l_n^a = l_n \qquad L_n^i = 0 .$$

Im Laufe des nächsten Jahres werden voraussichtlich (wir nehmen an in der Mitte des Jahres) $l_n \cdot i_n$ invalid; $l_n \cdot i_n \cdot \frac{1}{2} q^i_n$ gehen davon durch Tod ab, so daß am Ende des 1. Jahres noch

$$L^i_{n+1} = l^a_n \cdot p^{ai}_n = l^a_n \cdot i_n \cdot \left(1 - \frac{1}{2} q^i_n\right)$$

Invalide vorhanden sind. Die Zahl der Aktiven ist danach am Ende des 1. Jahres

$$l^a_{n+1} = l_{n+1} - L^i_{n+1} .$$

NB.: Diese Zahlen L^i_x dürfen nicht mit den Zahlen l^i_x der Invalidensterbetafel verwechselt werden!

Wollen wir nun die Zahl L^i_{n+2} der Invaliden am Schlusse des 2. Jahres bestimmen, so müssen wir dieselbe zusammensetzen aus der Zahl $L^i_{n+1}(1 - q^i_{n+1})$ der dann noch lebenden Invaliden des 1. Jahres und der Zahl $l^a_{n+1} \cdot i_{n+1} \cdot \left(1 - \frac{1}{2} q^i_{n+1}\right)$ der am Ende des 2. Jahres noch Lebenden aus der Zahl der Invaliden $(l^a_{n+1} \cdot i_{n+1})$, welche im 2. Jahr entstanden sind.

$$L^i_{n+2} = L^i_{n+1}(1 - q^i_{n+1}) + l^a_{n+1} \cdot i_{n+1} \cdot \left(1 - \frac{1}{2} q^i_{n+1}\right) .$$

Die Zahl der Aktiven, welche am Schluß des 2. Jahres noch vorhanden sind, ist

$$l^a_{n+2} = l_{n+2} - L^i_{n+2} .$$

Auf diese etwas umständliche Weise kann man also aus einer gewöhnlichen Sterbetafel eine Aktiventafel ableiten.

Die Größen q^{aa}_x erhält man aus der Formel

$$q^{aa}_x = \frac{l^a_x \cdot (1 - i_x) - l^a_{x+1}}{l^a_x} .$$

Umgekehrt setzt sich die allgemeine Sterbenswahrscheinlichkeit q_x aus den Grundwahrscheinlichkeiten q^{aa}_x, q^{ai}_x und q^i_x folgendermaßen zusammen:

$$q_x = \frac{l^a_x \cdot (q^{aa}_x + q^{ai}_x) + L^i_x \cdot q^i_x}{l^a_x + L^i_x} = q^i_x - (q^i_x - q^{ai}_x - q^{aa}_x) \cdot \frac{l^a_x}{l_x} .$$

II. Kapitel.

Die Berechnung der Barwerte und Anwartschaften in der Sozialversicherung.

§ 1. Die Aktivenrente.

a) Gleichbleibende Aktivenrente.

Bezeichnet man die Zahl $v^x \cdot l_x^a$ (die diskontierte Zahl der Aktiven des Alters x) mit D_x^a und die vom Alter x an bis an das Ende der Aktiventafel erstreckte Summe der D_x^a mit N_x^a, so ist der Barwert einer auf die Dauer der Aktivität jährlich vorschüssig zu zahlenden Rente 1 für einen Aktiven des Alters x:

$$\boxed{\mathrm{a}_x^a = \frac{\sum D_x^a}{D_x^a} = \frac{N_x^a}{D_x^a}} \qquad \text{(I)}$$

Die Zahlen D_x^a, N_x^a und a_x^a sind (auf Grund der Aktiventafel Tabelle 1 berechnet) in Tabelle 2 mitgeteilt (Zinsfuß $3^1/_2\%$).

Ihre Anwendung finden die Werte a_x^a besonders bei der Beitragsberechnung, da außer im Todesfall in Aktivität meist auch mit Eintritt der Erwerbsunfähigkeit die Beitragszahlung ihr Ende findet.

Sollen die Beiträge terminlich (entweder vierteljährlich oder häufiger noch monatlich vorschüssig) entrichtet werden, so ist ihr Wert nach der Näherungsmethode II

$$\boxed{{}^{(m)}\mathrm{a}_x^a = \mathrm{a}_x^a - \mathfrak{B}_m} \qquad (\mathrm{I}_m)$$

zu berechnen.

Die Werte $\mathfrak{B}_m$ sind der Tabelle d (Kap. III, § 3 des 1. Teils, S. 61) zu entnehmen. Hört die Beitragszahlung spätestens mit Vollendung des Alters z auf, so ist der Wert dieser Beiträge

$$\boxed{\mathrm{a}^a_{x,\,\overline{z-x|}} = \frac{N^a_x - N^a_z}{D^a_x}} \qquad (\mathrm{I}^{(z)})$$

bzw.

$$\boxed{{}^{(m)}\mathrm{a}^a_{x,\,\overline{z-x|}} = \mathrm{a}^a_{x,\,\overline{z-x|}} - \mathfrak{B}_m \cdot \left(1 - \frac{D^a_z}{D^a_x}\right)} \qquad (\mathrm{I}^{(z)}_{\mathrm{m}})$$

b) Mit dem Gehalt steigende Rente.

Es ist bei manchen Kassen die Einrichtung getroffen, daß die Beiträge in Prozenten des jeweiligen Gehalts erhoben werden.

Ist G_x das durchschnittliche Gehalt eines x-jährigen Aktiven und λ_x der Bruchteil des Gehaltes, der von einem x-jährigen Mitglied als Beitrag zu zahlen ist, so ist der Barwert dieser auf die Dauer der Aktivität zu zahlenden Beiträge für das Eintrittsalter x:

$$\boxed{\mathrm{a}^{a'}_x = \frac{\sum D^a_x \cdot G_x \cdot \lambda_x}{D^a_x}}\,. \qquad (\mathrm{I}_{\mathrm{G},\lambda})$$

Ist für die ganze Mitgliedsdauer derselbe Prozentsatz $\lambda_x = \frac{k}{100}$ des Gehalts vorgeschrieben, so erhält man für den Barwert eines solchen Mitgliederbeitrags:

$$\boxed{\mathrm{a}^{a''}_x = \frac{k}{100} \cdot \frac{\sum D^a_x \cdot G_x}{D^a_x}} \qquad (\mathrm{I}_{\mathrm{G},k\%})$$

§ 2. Die Invalidenrente.

a) Ist $D_x^i = l_x^i \cdot v^x$ die diskontierte Zahl der Invaliden und $N_x^i = \sum D_x^i$ deren Summe — erstreckt bis an das Ende der Invalidensterbetafel — so ist für einen Invaliden des Alters x der Barwert einer auf die Dauer der Invalidität, in der Regel also auf Lebensdauer zu zahlenden Rente 1:

$$\boxed{\mathrm{a}_x^i = \frac{\sum D_x^i}{D_x^i} = \frac{N_x^i}{D_x^i}}\,. \tag{II}$$

Bei terminlicher Zahlung der Rente ist der Barwert:

$$\boxed{{}^{(m)}\mathrm{a}_x^i = \mathrm{a}_x^i - \mathfrak{B}_m}\,. \tag{II$_\mathrm{m}$}$$

In Tabelle 3 sind die entsprechenden Werte D_x^i, N_x^i, a_x^i und ${}^{(12)}\mathrm{a}_x^i$ (Zinsfuß $3^1/_2$%) mitgeteilt.

NB.: Wir verwenden statt der früher gebräuchlichen Schreibweise: $\left(\frac{1}{1}\frac{2}{2}\right)$ rechts oben die etwas einfachere Schreibweise (12) links oben, die sich bereits eingebürgert hat!

b) Wird eine zweifach abgestufte Invalidenausscheidetafel verwendet, so ist der Barwert für einen neu entstehenden Invaliden des Alters x:

$$\boxed{\begin{aligned} \mathrm{a}_{(x)}^i &= \frac{D_{(x)}^i + D_{(x)+1}^i + \cdots + D_{(x)+\mu-1}^i + D_{x+\mu}^i + \cdots}{D_{(x)}^i} \\ &= \frac{\Sigma D_{(x)}^i}{D_{(x)}^i} \end{aligned}}\,. \tag{II'}$$

Diese Summe Σ ist erst diagonal nach rechts unten durch die Tafel der $D_{(x)+\nu}$ zu erstrecken, bis man an die Schlußtafel ($D_{x+\mu}$) gelangt, daraufhin vertikal nach unten bis an das Ende der Schlußtafel (siehe die entsprechenden Beispiele in § 9). Dabei ist die doppelt abgestufte Tafel $D_{(x)+\nu}^i$ nach

$(x)+\nu$ und ν, und nicht — wie das Bruchstück § 4b — nach (x) und ν geordnet!

Für einen bereits ν Jahre im Genuß der Rente stehenden Invaliden ist der Wert:

für $\nu < \mu$:

$$\boxed{\mathbf{a}^i_{(x)+\nu} = \frac{\Sigma D^i_{(x)+\nu}}{D^i_{(x)+\nu}}}\,. \qquad \text{(II'')}$$

für $\nu \geqq \mu$ (also in der Schlußtafel!):

$$\boxed{\mathbf{a}^i_{x+\nu} = \frac{\Sigma D^i_{x+\nu}}{D^i_{x+\nu}} = \frac{N^i_{x+\nu}}{D^i_{x+\nu}}}\,. \qquad \text{(II''')}$$

§ 3. Die Anwartschaft eines Aktiven auf Invalidenrente.

a) Auf eine gleichbleibende Rente.

Bei der Invalidenversicherung tritt der besondere Fall einer Leibrente auf, bei welcher der Beginn derselben um eine von vornherein unbestimmte Zeit aufgeschoben ist; denn die Invalidenrente wird erst vom Eintritt der Erwerbsunfähigkeit, dann aber in der Regel auf Lebenszeit gewährt.

Durch eine einmalige oder eine bis zu diesem Zeitpunkt zu zahlende jährliche Prämie erwirbt (bzw. erhält) sich das aktive Mitglied das Recht oder „die Anwartschaft" auf Invalidenrente.

Die Berechnung des Wertes einer solchen Anwartschaft geht in folgender Weise vor sich:

Wie bereits gesagt, nehmen wir an, daß die Invalidisierungen durchschnittlich in der Mitte des Jahres erfolgen. Aus den zu Beginn des 1. Jahres vorhandenen l^a_x Aktiven des Alters x gehen gemäß der Aktiventafel im Laufe dieses Jahres J_x Invalide des Alters $x+\frac{1}{2}$

hervor; für jeden dieser Invaliden entsteht bei einem Jahresbetrag 1 der Rente im Zeitpunkt der Invalidisierung für die Kasse eine Belastung in der Höhe $\mathrm{a}^i_{x+\frac{1}{2}}$, welche annäherungsweise mit $\frac{1}{2}(\mathrm{a}^i_x + \mathrm{a}^i_{x+1})$ berechnet wird.

Zu Beginn des 1. Jahres ist der Barwert aller im 1. Jahr entstehenden Renten:

$$v^{\frac{1}{2}} \cdot J_x \cdot \mathrm{a}^i_{x+\frac{1}{2}},$$

aller im 2. Jahr entstehenden Renten:

$$v^{1+\frac{1}{2}} \cdot J_{x+1} \cdot \mathrm{a}^i_{x+1+\frac{1}{2}} \quad \text{usw.}$$

Bezeichnet man mit a^{ai}_x die Einmalprämie oder den Wert der Anwartschaft eines x-jährigen Aktiven auf Invalidenrente, so ist

$$l^a_x \cdot \mathrm{a}^{ai}_x = v^{\frac{1}{2}} \cdot J_x \cdot \mathrm{a}^i_{x+\frac{1}{2}} + v^{1+\frac{1}{2}} \cdot J_{x+1} \cdot \mathrm{a}^i_{x+1+\frac{1}{2}} + \cdots$$

Setzt man zur Abkürzung $v^{x+\frac{1}{2}} \cdot J_x \cdot \mathrm{a}^i_{x+\frac{1}{2}} = D^{ai}_x$ und $\sum D^{ai}_x = N^{ai}_x$, so ist

$$\boxed{\mathrm{a}^{ai}_x = \frac{\sum D^{ai}_x}{D_x} = \frac{N^{ai}_x}{D^a_x}} \qquad \text{(III)}$$

der Wert der Anwartschaft eines Aktiven des Alters x auf eine Rente 1, zahlbar zu Beginn eines jeden Jahres vom Eintritt der Erwerbsunfähigkeit an bis an das Lebensende; die Summe ist von x an bis an das Ende der Aktiventafel zu erstrecken.

Wird die Rente vereinbarungsgemäß in terminlichen vorschüssigen Beträgen von je $\frac{1}{m}$ bezahlt, so treten an die Stelle von a^{ai}_x, D^{ai}_x, N^{ai}_x die entsprechenden Werte: z. B. für monatliche Zahlung: ${}^{(12)}\mathrm{a}^{ai}_x$, ${}^{(12)}D^{ai}_x$, ${}^{(12)}N^{ai}_x$.

In Tabelle 4 sind mit den Zahlen J_x (Tabelle 1), ${}^{(12)}\mathrm{a}^i_x$ (Tabelle 3) und D^a_x (Tabelle 2) die Berechnungen der

Werte ${}^{(12)}\mathrm{a}_x^{ai}$ durchgeführt. Für den unten unter b) zu betrachtenden Fall einer mit wachsender Dauer der Aktivität zunehmenden Rente enthält die Tabelle 4 auch noch die Größen ${}^{(12)}S_x^{ai} = \sum {}^{(12)}N_x^{ai} = \sum\sum {}^{(12)}D_x^{ai}$ (aus der Denkschrift II über Angestelltenversicherung); die Summen sind erstreckt bis an das Ende der Aktiventafel.

Wird die Rente nur dann gewährt, wenn die Erwerbsunfähigkeit vor dem Erreichen eines bestimmten Alters z erfolgt, so ist der Wert einer solchen Anwartschaft gegeben durch

$$\boxed{\mathrm{a}_{x,\overline{z-x}|}^{ai} = \frac{N_x^{ai} - N_z^{ai}}{D_x^a}}\,. \qquad (\mathrm{III}_{(z)})$$

In diesem Fall muß dann aber ergänzend eine auf dieses Alter z aufgeschobene Altersrente hinzutreten, welche den dieses Alter in Aktivität erlebenden Mitgliedern von diesem Zeitpunkt an eine lebenslängliche Rente 1 garantiert, also die Versorgung auch über das Alter z hinaus sicherstellt. Der Wert der Anwartschaft auf die Altersrente ist für einen Aktiven des Alters x:

$$\boxed{{}_{z-x|}\mathrm{a}_x^{aA} = \frac{D_z^a}{D_x^a} \cdot \mathrm{a}_z}\,, \qquad (\mathrm{III}_{(z)}^{\mathrm{A}})$$

wobei a_z aus einer allgemeinen Sterbetafel (also eines aus Aktiven und Invaliden gemischten Bestandes) zu berechnen ist, da der Eintritt einer Erwerbsunfähigkeit nach diesem Alter an der Höhe der Rente nichts mehr ändert; manche Kassen verwenden zur Berechnung eine besondere Altersrentnersterbetafel.

Besteht eine bestimmte Wartezeit von n Jahren, während welcher Invalidisierungen keine Invalidenrente auslösen, so ist der Wert der entsprechenden Anwartschaft auf Invalidenrente:

$$ {}_{n|}\mathfrak{a}_x^{ai} = \frac{N_{x+n}^{ai}}{D_x^a} = \frac{D_{x+n}^a}{D_x^a} \cdot \mathfrak{a}_{x+n}^{ai} \,. \qquad (\mathrm{III}_{n|}) $$

b) Auf eine steigende Rente.

Der Einfachheit halber nehmen wir an, daß die Rente R jedes Jahr der Aktivität um denselben Betrag ε steige. Je nachdem diese Steigerung anhält, solange das Mitglied aktiv ist, oder nur eine bestimmte Zahl von Steigerungen vorgesehen ist, spricht man von unbeschränkter oder von beschränkter Steigerung. Auf alle Fälle hört aber mit Beginn des Rentenbezugs jegliche Steigerung auf; laufende Renten werden auf keinen Fall erhöht.

α) Unbeschränkte Steigerung.

Tritt die Erwerbsunfähigkeit im 1. Jahr der Mitgliedschaft ein, so beträgt die Rente R, tritt sie im 2. Jahr ein: $R + \varepsilon$ usw.

Bezeichnet man mit $\underset{<}{\mathfrak{a}_x^{ai}}(R; \varepsilon)$ den Wert der Anwartschaft auf diese steigende Rente, so ist:

$$ D_x^a \cdot \underset{<}{\mathfrak{a}_x^{ai}}(R; \varepsilon) = R \cdot D_x^{ai} + (R + \varepsilon) \cdot D_{x+1}^{ai} + (R + 2\varepsilon) \cdot D_{x+2}^{ai} + \cdots $$

demnach

$$ \underset{<}{\mathfrak{a}_x^{ai}}(R; \varepsilon) = \frac{R \cdot N_x^{ai} + \varepsilon \cdot S_{x+1}^{ai}}{D_x^a} \,. \qquad (\mathrm{IV}) $$

β) Beschränkte Steigerung.

Die vereinbarte Höchstzahl der Steigerungen sei $s - 1$; ist diese Höchstzahl erreicht, so bleibt der gegebenenfalls fällige Rentenbetrag auf der Höhe $R + (s-1)\varepsilon$. Der Wert der Anwartschaft ist in diesem Fall:

$$\underset{<}{a_x^{ai}}\left(R;\ \underset{s-1}{\varepsilon}\right) = \frac{R \cdot N_x^{ai} + \varepsilon \cdot (S_{x+1}^{ai} - S_{x+s}^{ai})}{D_x^a}. \qquad \text{(IV')}$$

Andere Kombinationen lassen sich nach den dargelegten Prinzipien leicht berechnen.*) Es sei hier noch der Fall einer während der Aktivität mit dem Gehalt ansteigenden Rente kurz behandelt.

γ) Steigerung mit dem Gehalt.

Es sei G_{x+t} das anrechnungsfähige Gehalt eines Mitglieds, das vor t Jahren in einem Alter x eintrat und λ_{x+t} das Verhältnis des bei Eintritt der Invalidität fälligen Rentenbetrags $R'_{x,t} = \lambda_{x+t} \cdot G_{x+t}$ zu diesem Gehalt. Besteht außerdem eine Wartezeit von n Jahren, innerhalb welcher kein Anspruch auf Rente besteht, so ist der Wert der Anwartschaft auf eine solche Rente beim Eintritt in die Kasse:

$$_{n|}a_x^{ai'} = \frac{\sum G_{x+n} \cdot \lambda_{x+n} \cdot D_{x+n}^{ai}}{D_x^a}; \qquad \text{(IV'')}$$

für $\lambda_x = \frac{k}{100}$, also $R''_{x,t} = \frac{k}{100} \cdot G_{x+t}$:

$$_{n|}a_x^{ai''} = \frac{k}{100} \cdot \frac{\sum G_{x+n} \cdot L_{x+n}^{ai}}{L_x^a} \qquad \text{(IV''')}$$

Die Summen sind zu erstrecken von $x + n$ bis an das Ende der Aktiventafel.

*) Für den Fall (III (z)) ist die Höchstzahl der jährlich erfolgenden Steigerungen $z - x - 1$. (Vgl. Kap. III. S. 178ff.)

c) Eine andere Methode der Berechnung.

(Nach Czuber II, S. 303.)

Wird den Invaliden J_x nicht sofort vom Eintritt der Erwerbsunfähigkeit, sondern erst vom Beginn des nächsten Jahres an die Invalidenrente ausbezahlt, so ist der Wert der Anwartschaft eines Aktiven vom Alter x nach dieser Methode:

$$\boxed{\mathrm{a}_x^{ai*} = \frac{\sum v^{x+1} \cdot J_x (1 - \tfrac{1}{2} q_x^i) \cdot \mathrm{a}_{x+1}^i}{D_x^a}}$$

$$= \frac{\sum C_x^J \cdot (1 - \tfrac{1}{2} q_x^i) \cdot \mathrm{a}_{x+1}^i}{D_x^a} \qquad \{C_x^J = v^{x+1} \cdot J_x\}. \qquad \text{(V)}$$

§ 4. Die Hinterbliebenenrenten

a) Die Witwenrente.

Im allgemeinen nimmt man zur Berechnung des Barwerts einer Witwenrente eine gewöhnliche Frauensterbetafel. Tabelle 5 enthält die Grundzahlen der deutschen Reichssterbetafel w. Bev. 1871/81 (Zinsfuß $3^1/_2$%).

Genauer wäre eine Ausscheideordnung für Witwen, welche auch die Fälle berücksichtigt, in denen eine Witwe aus dem Rentengenuß infolge von Wiederverheiratung ausscheidet.

Nehmen wir aber an, daß die Rente lebenslänglich zu Beginn des Jahres bezahlt wird, so ist der Barwert einer solchen Rente für eine Witwe im Alter von y Jahren:

$$\boxed{\mathrm{a}_y = \frac{\sum D_y}{D_y} = \frac{N_y}{D_y}}, \qquad \text{(VI)}$$

bei terminlicher Zahlung:

$$\boxed{{}^{(m)}\mathrm{a}_y = \mathrm{a}_y - \mathfrak{B}_m} \qquad \text{(VI}_\text{m}\text{)}$$

Für monatliche Zahlung s. Tabelle 5.

b) Die Waisenrente.

Für die in Tabelle 8 wiedergegebene Kindersterbetafel wurden der Einfachheit halber die Zahlen der Lebenden der Deutschen Reichssterbetafel männliche und weibliche Bevölkerung (1871/81) je für die Alter $z = 0, 1, \ldots 17$ zusammengezählt, desgleichen die diskontierten Lebenden und die Summen derselben bis einschließlich $z = 17$.

Wird sonach die Waisenrente bis zur Vollendung des 18. Lebensjahres jährlich vorausbezahlt (eine eben 18 Jahre gewordene Waise erhält demnach keine Rente mehr!), so ist der Barwert einer solchen Rente für ein Waisenkind von z Jahren:

$$\boxed{\mathfrak{a}_z = \frac{\sum D_z}{D_z} = \frac{N_z}{D_z}}, \qquad \text{(VII)}$$

bei monatlicher Zahlung der Rente und einem Zinsfuß von $3^1/_2$%:

$$\boxed{{}^{(12)}\mathfrak{a}_z = \mathfrak{a}_z - 0{,}464\left(1 - \frac{D_{18}}{D_z}\right)}. \qquad \text{(VII}_\text{m}\text{)}$$

Tabelle 8 enthält außer den Größen l_z, D_z und N_z (wobei die Summe von z bis einschließlich 17 geht) auch noch diese Größen ${}^{(12)}\mathfrak{a}_z$ (Zinsfuß $3^1/_2$%).

§ 5. Die Anwartschaften auf Witwenrente.

Man hat hier 3 Fälle zu unterscheiden:

1. Die Anwartschaft eines Invaliden auf Witwenrente.
2. Die Anwartschaft eines Aktiven auf Witwenrente, welche durch seinen Tod in Aktivität ausgelöst wird.
3. Die Anwartschaft eines Aktiven auf Witwenrente schlechthin.

a) Die selbständige Witwenversicherung. (Individualmethode.)

Bei dieser Art der Witwenversicherung wird vorausgesetzt, daß der Witwenkasse nur verheiratete Mitglieder angehören und daß sich die Witwenversicherung nur auf die Frau bezieht, mit welcher das Mitglied beim Eintritt in die Kasse verheiratet ist.

So bezieht sich z. B. die Anwartschaft eines verheirateten Invaliden des Alters x (Alter der Frau: y) auf eine Rente 1, welche die Frau — falls sie ihren Mann überlebt — von diesem Zeitpunkt an auf Lebenszeit erhält.

Die Rente ist also eine einseitige Überlebensrente (V.-M. I, S. 132 [V_3]):

$$\mathbf{a}^i_{x|y} = \mathbf{a}_y - \mathbf{a}^i_{xy}. \qquad \text{(VIII)}$$

Zur Berechnung von $\mathbf{a}^i_{xy}$ sind aus der Frauensterbetafel (Tabelle 5) und der Invalidensterbetafel (Tabelle 3) in der bekannten Weise (V.-M. I, Kap. V: Verbundene Leben) Tafeln für verbundene Leben eigens aufzustellen.

Bei terminlicher Zahlung der Rente ist:

$$^{(12)}\mathbf{a}^i_{x|y} = {}^{(12)}\mathbf{a}_y - {}^{(12)}\mathbf{a}^i_{xy} = \mathbf{a}_y - \mathbf{a}^i_{xy}, \qquad \text{(VIII}_\text{m})$$

da sowohl beim Minuenden wie beim Subtrahenden $\mathfrak{B}_{12}$ abzuziehen ist.

(Vgl. jedoch 1. Teil, Kap. VIII, § 5, S. 131ff.)

Nach einer davon etwas abweichenden Methode sind die (nach H. Meyer, Pensionsversicherung, S. 153ff.) in Tabelle 7 mitgeteilten Zahlen berechnet, welche die Anwartschaftswerte sowohl für verheiratete Invalide als auch für verheiratete Aktive wiedergeben, und zwar für die Alter $x = 20, 30, \ldots, 70$ und die Altersdifferenzen $\Delta = x - y = -10, -5, 0, +5, +10, +15, +20$ (vgl. § 9, Beispiel 5, A*a*, S. 174). Bei manchen Kassen verwendet man für die Männer die Absterbeordnung eines aus Aktiven und Invaliden gemischten Bestandes.

b) Die unselbständige Witwenversicherung. (Kollektivmethode.)

Nachdem einer Witwenkasse in der Regel Mitglieder verschiedenen Personenstandes angehören, also nicht nur Verheiratete, sondern auch Ledige und Witwer, haben alle Mitglieder ein lebhaftes Interesse daran, daß eine eventuell bei ihrem Tod hinterlassene Witwe in jedem Fall eine Rente erhält, was bei der selbständigen Witwenversicherung nicht unter allen Umständen gewährleistet ist.

Man hat zur Vereinfachung der einschlägigen Berechnungen folgende Grundzahlen eingeführt:

1. die Wahrscheinlichkeit h_x eines x-jährigen (aktiven oder invaliden) Mitglieds, verheiratet zu sein,
2. das durchschnittliche Alter y_x (in der Regel in ganzen Zahlen) der Frau eines x-jährigen Mannes.

Mit Hilfe dieser Größen h_x und y_x ergibt sich folgende Berechnung der einzelnen Anwartschaften auf Witwenrente.

1. Die Anwartschaft eines Invaliden auf Witwenrente:

$$D_x^i \cdot \mathbf{a}_x^{iw} = \sum D_x^i \cdot q_x^i \cdot v^{\frac{1}{2}} \cdot h_{x+\frac{1}{2}} \cdot \mathbf{a}_{y_{x+\frac{1}{2}}} = \sum D_x^{iw} = N_x^{iw}.$$

Anläßlich der $l_x^i \cdot q_x^i$ Sterbefälle (in der Mitte des 1. Jahres) entstehen $l_x^i\, q_x^i \cdot h_{x+\frac{1}{2}}$ Witwenrenten vom Wert $\mathbf{a}_{y_x+\frac{1}{2}}$.

Angenähert ist

$$h_{x+\frac{1}{2}} \approx \frac{1}{2}\,(h_x + h_{x+1})$$

und

$$\mathbf{a}_{y_{x+\frac{1}{2}}} \approx \frac{1}{2}\,(\mathbf{a}_{y_x} + \mathbf{a}_{y_{x+1}})$$

gesetzt; das Alter des Mitglieds beim Tod ist $x + \frac{1}{2}$, das Alter der eventuell hinterlassenen Witwe ist in diesem Zeitpunkt:

$$y_{x+\frac{1}{2}} \approx \frac{1}{2}\,(y_x + y_{x+1}).$$

Der Wert der Anwartschaft ist also:

$$\boxed{\mathfrak{a}_x^{iw} = \frac{N_x^{iw}}{D_x^i}}\,; \tag{IX}$$

bei terminlicher Zahlung der Witwenrente:

$$\boxed{{}^{(m)}\mathfrak{a}_x^{iw} = \frac{{}^{(m)}N_x^{iw}}{D_x^i}}\,. \tag{IX$_m$}$$

2. Die Anwartschaft eines Aktiven auf Witwenrente, ausgelöst durch den Tod in Aktivität:

$$D_x^a \cdot \mathfrak{a}_x^{aaw} = \sum D_x^a \cdot q_x^a \cdot v^{\frac{1}{2}} \cdot h_{x+\frac{1}{2}} \cdot \mathfrak{a}_{y_{x+\frac{1}{2}}} = \sum D_x^{aaw} = N_x^{aaw}$$

$$\boxed{\mathfrak{a}_x^{aaw} = \frac{N_x^{aaw}}{D_x^a}}\,. \tag{X}$$

3. Die Anwartschaft eines Aktiven auf Witwenrente schlechthin:

Hier wird anläßlich der Invalidisierungen der Aktiven für jeden dabei entstehenden **Invaliden** ($J_x = l_x^a \cdot i_x$) des Alters $x + \frac{1}{2}$ eine Anwartschaft auf Witwenrente (gemäß IX) ausgelöst;

$$D_x^a \cdot \mathfrak{a}_x^{aiw} = \sum D_x^a \cdot i_x \cdot v^{\frac{1}{2}} \cdot \mathfrak{a}_{x+\frac{1}{2}}^{iw} = \sum D_x^{aiw} = N_x^{aiw}.$$

$$\mathfrak{a}_{x+\frac{1}{2}}^{iw} \approx \frac{1}{2}(\mathfrak{a}_x^{iw} + \mathfrak{a}_{x+1}^{iw})\,.$$

In Verbindung mit (X) erhalten wir dann, wenn wir $D_x^{aaw} + D_x^{aiw} = D_x^{aw}$ und $N_x^{aaw} + N_x^{aiw} = N_x^{aw}$ setzen:

$$\boxed{\mathfrak{a}_x^{aw} = \mathfrak{a}_x^{aaw} + \mathfrak{a}_x^{aiw} = \frac{\sum D_x^{aw}}{D_x^a} = \frac{N_x^{aw}}{L_x^a}} \tag{XI}$$

Soll der Betrag der Witwenrente mit der Aktivitätsdauer zunehmen, so sind noch die Doppelsummen $S_x^{aw} = \sum N_x^{aw} = \sum\sum D_x^{aw}$ zu berechnen.

Die Tabelle 6 gibt die entsprechenden Werte bei monatlicher Zahlung: ${}^{(12)}D_x^{aw}$, ${}^{(12)}N_x^{aw}$, ${}^{(12)}S_x^{aw}$ (aus der Denkschrift II über die Angestelltenversicherung) wieder, bei denen auch die Abfindungen der Witwe bei Wiederverheiratung berücksichtigt sind, worauf wir hier nicht näher eingehen wollen.

Der gleichen Denkschrift sind auch die Werte ${}^{(12)}\mathbf{a}_x^{iw}$ der Anwartschaft eines Invaliden auf Witwenrente, welche der Tabelle 5 in der letzten Spalte hinzugefügt sind, entnommen.

§ 6. Die Anwartschaften auf Waisenrente.

Die Entwicklungen laufen hier konform denen des vorgehenden § 5.

Man unterscheidet auch hier zwischen selbständiger und unselbständiger Versicherung.

a) Die selbständige Waisenversicherung.

Der Kasse gehören nur Väter an; für jedes Kind muß eine eigene Waisenversicherung abgeschlossen werden.

Die Anwartschaft z. B. eines invaliden Vaters des Alters x auf Waisenrente bezieht sich auf sein zur Zeit des Abschlusses z Jahre altes Kind. Die Rente 1 soll dasselbe nach dem Tode des Vaters, längstens aber bis zur Erreichung des φten Lebensjahres beziehen. Es handelt sich also um eine einseitige temporäre Überlebensrente, deren Wert (nach V.-M. I, S. 133 [VI]) durch

$$\boxed{\mathbf{a}_{x|z\,\overline{n}|}^{i} = \mathbf{a}_{z\,\overline{n}|} - \mathbf{a}_{xz\,\overline{n}|}^{i} = \mathbf{a}_{x\,\overline{\varphi-z}|} - \mathbf{a}_{xz\,\overline{\varphi-z}|}^{i}} \quad \text{(XII)}$$

gegeben ist, wobei stets $z + n = \varphi$ ist.

Zur exakten Berechnung bedarf man einer Tafel verbundener Leben, hergestellt aus einer Kinder- und einer Invalidensterbetafel.

Wegen der Umständlichkeit solcher Berechnungen zieht man es vor, die Anwartschaften auf Waisenrente nur nach der Kollektivmethode zu ermitteln.

b) Die unselbständige Waisenversicherung.

In diesem Fall gehören der Kasse auch kinderlose (genauer gesagt: zur Zeit des Eintritts noch kinderlose) Mitglieder an; es sollen alle beim Tode des Mitglieds vorhandenen minderjährigen Kinder in den Genuß der Waisenrente treten, die auf die Dauer der Minderjährigkeit gewährt wird.

Nach zuverlässigen statistischen Erhebungen über den Kinderbesitz der in Betracht kommenden Kreise mögen auf l_x Personen des Alters x (gleichviel welchen Familienstandes) $K_{x,i}$ versorgungsberechtigte Kinder, d. h. des Alters $i < \varphi$ ($i = 0, 1 \ldots \varphi - 1$) treffen, so daß beim Tod einer solchen Person im Alter x der Kasse die folgende Belastung K_x an Waisenrente erwächst:

$$\boxed{K_x = \frac{\sum K_{x,i} \cdot \mathrm{a}_{i\,\overline{\varphi - i}|}}{l_x}}, \qquad \text{(XIII)}$$

d. h. der Barwert der in diesem Fall entstehenden Waisenrenten, geteilt durch die Zahl l_x.

Wir wollen hier annehmen, daß diese Werte K_x für Aktive und Invalide bei gleichem Alter x dieselben seien. Mit Hilfe dieser Werte K_x ergibt sich die folgende Berechnung der einzelnen Anwartschaften auf Waisenrente:

1. Die Anwartschaft eines Invaliden auf Waisenrente:

$$\mathrm{a}_x^{ik} \cdot D_x^i = \sum D_x^i \cdot q_x^i \cdot v^{\frac{1}{2}} \cdot K_{x+\frac{1}{2}} = \sum D_x^{ik} = N_x^{ik},$$

d. h. anläßlich der $l_x^i \cdot q_x^i$ Sterbefälle — angenommen in der Mitte des 1. Jahres — entsteht insgesamt die Belastung $l_x^i \cdot q_x^i \cdot K_{x+\frac{1}{2}}$ usw., wobei angenähert

$$K_{x+\frac{1}{2}} \approx \frac{1}{2}(K_x + K_{x+1})$$

genommen wird.

$$\boxed{\mathrm{a}_x^{ik} = \frac{N_x^{ik}}{D_x^i}}\,. \qquad \text{(XIV)}$$

2. Die Anwartschaft eines Aktiven auf Waisenrente, ausgelöst durch den Tod in Aktivität:

$$D_x^a \cdot \mathrm{a}_x^{aak} = \sum D_x^a \cdot q_x^a \cdot v^{\frac{1}{2}} \cdot K_{x+\frac{1}{2}} = \sum D_x^{aak} = N_x^{aak}$$

$$\boxed{\mathrm{a}_x^{aak} = \frac{N_x^{aak}}{D_x^a}}\,. \qquad \text{(XV)}$$

3. Die Anwartschaft eines Aktiven auf Waisenrente schlechthin:

Anläßlich der Invalidisierungen wird für jeden der neu entstehenden Invaliden ($J_x^a = l_x^a \cdot i_x$) in der Mitte des 1. Jahres eine Anwartschaft $\mathrm{a}_{x+\frac{1}{2}}^{ik}$ gemäß (XIV) ausgelöst:

$$D_x^a \cdot \mathrm{a}_x^{aik} = \sum D_x^a \cdot i_x v^{\frac{1}{2}} \cdot \mathrm{a}_{x+\frac{1}{2}}^{ik} = \sum D_x^{aik} = N_x^{aik}.$$

In Verbindung mit 2. erhalten wir, wenn man

$$D_x^{aak} + D_x^{aik} = D_x^{ak} \quad \text{und} \quad N_x^{aak} + N_x^{aik} = N_x^{ak}$$

setzt:

$$\boxed{\mathrm{a}_x^{ak} = \mathrm{a}_x^{aak} + \mathrm{a}_x^{aik} = \frac{N_x^{ak}}{D_x^a}}\,. \qquad \text{(XVI)}$$

Steigt der Betrag der Waisenrente mit der Aktivitätsdauer des Mitglieds, so sind auch noch die Doppelsummen $S_x^{ak} = \sum N_x^{ak} = \sum\sum D_x^{ak}$ zu berechnen.

Die Tabelle 9 gibt bei monatlicher Zahlung der Waisenrente bis zum vollendeten **15.** Lebensjahr für einen Zinsfuß von 3% die entsprechenden Werte $^{(12)}\mathrm{a}_x^{ik}$, $^{(12)}\mathrm{a}_x^{ak}$ und $^{(12)}\mathrm{a}_{\underset{<}{x}}^{ak}$ (aus der finanziellen Begründung der Reichsversicherungsordnung S. 692ff.).

Sehr oft begnügt man sich in der Praxis damit, an Stelle gesonderter Berechnungen des Wertes der Anwartschaften auf Waisenrente dem Gesamtwert der Anwartschaften auf Witwenrente einen prozentualen Zuschlag (je nach der Sachlage von 5—10%) dieses Wertes für die Gesamtbelastung aus den Anwartschaften der Mitglieder auf Waisenrente hinzuzufügen.

§ 7. Einmalige Leistungen.

a) Die Sterbegeldversicherung.

Bei vielen Invalidenkassen wird beim Todesfall eine mäßige Summe als Sterbegeld gewährt, das die unmittelbar anfallenden Kosten (für das Begräbnis usw.) decken soll.

Es ist hier zu unterscheiden:

1. Der Wert des Sterbegelds für einen Invaliden.
2. Der Wert des Sterbegelds für einen Aktiven für den Fall des Todes in Aktivität.
3. Der Wert des Sterbegelds für einen Aktiven schlechthin.

ad 1. Wird das Sterbegeld 1 erst am Ende des Sterbejahres bezahlt, so ist die Einmalprämie dafür für einen Invaliden des Alters x:

$$\boxed{A_x^i = \frac{\sum C_x^i}{D_x^i} = \frac{M_x^i}{D_x^i}}, \qquad \text{(XVII)}$$

wobei sich die Summe von x an bis an das Ende der Invalidensterbetafel erstreckt.

Wird aber das Sterbegeld **sofort beim Tod** ausbezahlt, so ist die Einmalprämie:

$$\overline{A_x^i} = \frac{\sum \overline{C_x^i}}{D_x^i} = \frac{\overline{M_x^i}}{D_x^i} = A_x^i \cdot v^{-\frac{1}{2}}$$

$$\left\{\overline{C_x^i} = C_x^i \cdot v^{-\frac{1}{2}}\right\}.$$

Tabelle 3 enthält die Größen a_x^i, aus denen $A_x^i = 1 - d \cdot \mathrm{a}_x^i$ ohne weiteres berechnet werden kann.

ad 2. In der gleichen Weise erhalten wir für einen Aktiven des Alters x als Einmalprämie für ein Sterbegeld 1, zahlbar bei Tod in Aktivität am Ende des Sterbejahres:

$$\boxed{\mathfrak{A}_x^{aa} = \frac{\sum C_x^a}{D_x^a} = \frac{M_x^a}{D_x^a}}, \qquad \text{(XVIII)}$$

zahlbar **sofort beim Tod** in Aktivität: $\overline{\mathfrak{A}_x^{aa}} = \mathfrak{A}_x^{aa} \cdot v^{-\frac{1}{2}}$.

Die Größen $M_x^a = \sum C_x^a$ stehen in **Tabelle** 2, Spalte 4! Die Summe erstreckt sich von x an über die ganze Aktivitätstafel.

ad 3. Soll für einen Aktiven des Alters x die Einmalprämie für ein Sterbegeld 1 bestimmt werden, das sofort beim Tod ausbezahlt werden soll, ob der Tod nun in Aktivität oder in Invalidität eintritt, so ist folgendermaßen vorzugehen:

$$D_x^a \cdot \overline{\mathfrak{A}_x^a} = \sum v^{x+\frac{1}{2}} \left(d_x^a + J_x \cdot \overline{A_{x+\frac{1}{2}}^i}\right)$$

$$= \sum \left(v^{-\frac{1}{2}} \cdot C_x^a + v^{-1} \cdot C_x^J \cdot A_{x+\frac{1}{2}}^i\right) = \sum \overline{\mathfrak{C}_x}$$

$$\left\{\begin{matrix} C_x^J = J_x \cdot v^{x+1} \\ A_{x+\frac{1}{2}}^i = \frac{1}{2}\left(A_x^i + A_{x+1}^i\right) \end{matrix}\right\},$$

also

$$\boxed{\mathfrak{A}_x^a = \frac{\sum \overline{\mathfrak{C}_x}}{D_x^a} = \frac{\overline{\mathfrak{M}_x}}{D_x^a}} . \qquad \text{(XIX)}$$

Man spricht auch bei einmaligen Leistungen von der Anwartschaft (eines Invaliden oder eines Aktiven) auf Sterbegeld.

b) Die Pensionsgeld- und Sterbegeldversicherung.

In Beamtenpensionsvereinen finden sich häufig auch noch folgende Versicherungen auf einmalige Leistungen:

1. Die Versicherungssumme 1 wird am Ende des Jahres fällig, in welchem entweder der Tod in Aktivität oder die Erwerbsunfähigkeit eintritt; das Mitglied scheidet auf alle Fälle aus der Reihe der aktiven Mitglieder aus.

2. Die Versicherungssumme 1 wird fällig:

in voller Höhe beim Tod in Aktivität,

in halber Höhe beim Eintritt der Erwerbsunfähigkeit.

In letzterem Fall wird der Rest beim Tod in Invalidität nachbezahlt.

ad 1. Einmalige Prämie:

$$\boxed{\begin{aligned} A_x^a &= \frac{\sum v^{x+1} \cdot (d_x^a + J_x)}{D_x^a} = \frac{\sum (C_x^a + C_x^J)}{D_x^a} \\ &= \frac{M_x^a + M_x^J}{D_x^a} = 1 - d \cdot \mathrm{a}_x^a \end{aligned}} , \qquad \text{(XX)}$$

es ist nämlich: $C_x^a + C_x^J = v^{x+1} \cdot (d_x^a + J_x)$,

$$= v^{x+1}(l_x^a - l_{x+1}^a),$$

$$= v \cdot D_x^a - D_{x+1}^a,$$

also $\sum (C_x^a + C_x^J) = D_x^a - d \cdot \sum D_x^a$.

Bei sofortiger Zahlung der Versicherungssumme beim Versicherungsfall ist A_x^a mit $r^{\frac{1}{2}}$ zu multiplizieren.

Jährliche Prämie:

Soll diese Prämie jährlich zu Beginn des Jahres bis zum Eintritt des Todes in Aktivität oder der Erwerbsunfähigkeit bezahlt werden, so ist:

$$\boxed{P_x^a = \frac{A_x^a}{\mathrm{a}_x^a} = \frac{1}{\mathrm{a}_x^a} - d} \qquad \text{(XXI)}$$

$$\left\{\mathrm{a}_x^a = \frac{\sum D_x^a}{D_x^a} = \frac{N_x^a}{D_x^a} \quad \text{(Kap. II, § 1a)}\right\}.$$

Bei monatlicher Vorauszahlung ist die Prämie (Jahresbetrag):

$$\boxed{{}^{(12)}P_x^a = \frac{A_x^a}{{}^{(12)}\mathrm{a}_x^a}}. \qquad \text{(XXI}_\mathrm{m}\text{)}$$

Die zur Berechnung der Prämien erforderlichen Größen finden sich in Tabelle 2 des Anhangs.

ad 2. Hier kann man die Versicherung teilen:

α) in eine gewöhnliche lebenslängliche Todesfallversicherung auf die Summe $\frac{1}{2}$ — zu berechnen mit der Sterbetafel eines gemischten Bestandes — und

β) in eine Sterbegeld- und Pensionsversicherung gemäß b) 1. auf die Summe $\frac{1}{2}$.

Die einmalige Prämie ist bei Auszahlung der Versicherungssumme am Ende des Jahres:

$$\mathfrak{A}_x = \frac{1}{2} A_x + \frac{1}{2} A_x^a,$$

bei Auszahlung sofort beim Eintritt des Versicherungsfalles:

$$\overline{\mathfrak{A}_x} = \mathfrak{A}_x \cdot r^{\frac{1}{2}}.$$

Man könnte diese Einmalprämie aber auch nach a) 3. und nach b) 1. berechnen:

$$\mathfrak{A}_x^* = \frac{1}{2}\,\mathfrak{A}_x^a + \frac{1}{2}\,A_x^a.$$

Die jährliche Prämie zahlbar auf Aktivitätsdauer ist:

$$_a\mathfrak{P}_x = \frac{\mathfrak{A}_x}{\mathbf{a}_x^a}.$$

In der Regel entbindet auch hier der Eintritt der Erwerbsfähigkeit das Mitglied von jeglicher weiterer Beitragszahlung.

NB.: In dem unten folgenden § 9 ist ein Beispiel gegeben, in welchem nach Art der gemischten Versicherung die Versicherungssumme spätestens beim Erleben eines bestimmten Alters fällig wird.

§ 8. Die Verbindung der Invalidenversicherung mit der Lebensversicherung.

Viele Lebensversicherungsgesellschaften gewähren ihren Versicherten — gegen eine mäßige Erhöhung der gewöhnlichen Prämie — bei Eintritt der Erwerbsunfähigkeit folgende zusätzliche Leistungen:

1. Befreiung von jeder weiteren Prämienzahlung,
2. Gewährung einer kleinen Invalidenrente, die von diesem Zeitpunkt an für die restliche Dauer der Hauptversicherung ausbezahlt wird.

ad 1. Handelt es sich um eine lebenslängliche Todesfallversicherung, so ist die nur auf Aktivitätsdauer zu zahlende jährliche Prämie:

$$P_x^{(a)} = \frac{A_x}{\mathbf{a}_x^a} = \frac{M_x \cdot D_x^a}{D_x \cdot N_x^a}.$$

Bei einer gemischten Versicherung ist die auf Aktivitätsdauer, längstens aber n Jahre zu zahlende jährliche Prämie:

$$P^{(a)}_{x\overline{n|}} = \frac{A_{x\overline{n|}}}{\mathrm{a}^a_{x\overline{n|}}} = \frac{M_x - M_{x+n} + D_{x+n}}{D_x} \cdot \frac{D^a_x}{N^a_x - N^a_{x+n}}.$$

Die Prämienreserven nach Verlauf von m Jahren sind

$${}_mV\,(P^{(a)}_x) = A_{x+m} - P^{(a)}_x \cdot \mathrm{a}^a_{x+m}$$

bzw.

$${}_mV\left(P^{(a)}_{x\overline{n|}}\right) = A_{x+m,\overline{n-m|}} - P^{(a)}_{x\overline{n|}} \cdot \mathrm{a}^a_{x+m,\overline{n-m|}}.$$

Zu den Berechnungen ist außer einer gewöhnlichen Sterbetafel auch noch eine geeignete (darauf abgestimmte) Aktiventafel heranzuziehen.

ad 2. In diesem Fall handelt es sich entweder um eine lebenslängliche oder um eine abgekürzte Invalidenrente, die im Fall der Erwerbsunfähigkeit des Versicherten ausgelöst wird, je nachdem die Hauptversicherung eine lebenslängliche oder eine abgekürzte (genauer gesagt: gemischte) Todesfallversicherung ist.

Die Rente soll — wie in Teil 2, Kap. II, §3c — erst von Beginn des der Invalidisierung folgendes Jahres an ausbezahlt werden; denn für die während eines Jahres neu entstehenden Invaliden, welche noch vor Beginn des nächsten Jahres sterben, wird ohnehin die Sterbfallsumme fällig.

Von den im Laufe des 1. Jahres aus den Aktiven l^a_x hervorgehenden J_x Invaliden erleben $J_x\left(1 - \frac{1}{2}\,q^i_x\right)$ den Beginn der Rente, die für jeden den Wert a^i_{x+1} bzw. $\mathrm{a}^i_{x+1\,\overline{n-1|}}$ hat. Zu Beginn der Versicherung ist also der Barwert dieser Invalidenrenten:

$$v \cdot J_x \cdot \left(1 - \frac{1}{2}\,q^i_x\right) \cdot \mathrm{a}^i_{x+1} \quad \text{bzw.} \quad v \cdot J_x \cdot \left(1 - \frac{1}{2}\,q^i_x\right) \cdot \mathrm{a}^i_{x+1\,\overline{n-1|}}$$

usw.

Der Wert einer solchen Invalidenrente für eine im Alter x in die Versicherung eintretende Person ist demnach {(in Kap. II 3c) mit a^{ai*}_x bezeichnet}:

$$B^i_x = \frac{\Sigma\, C^J_x \cdot (1 - \frac{1}{2}\,q^i_x) \cdot \mathrm{a}_{x+1}}{D^a_x} \quad \text{bei lebenslänglicher Rente,}$$

$$B^i_{x\overline{n|}} = \frac{\Sigma'\, C^J_x \cdot (1 - \frac{1}{2}\,q^i_x) \cdot \mathrm{a}^i_{x+1\,\overline{n-1|}}}{D_x} \quad \text{bei zeitlich begrenzter Rente.}$$

Im ersten Fall erstreckt sich die Summe von x an über die ganze Aktiventafel, im zweiten Fall nur bis zu dem Alter $x + n - 2$, da für den Teil $J_{x+n-1} \cdot \left(1 - \frac{1}{2} q^i_{x+n-1}\right)$ der Invalidisierungsfälle des n-ten Jahres der Beginn der entsprechenden abgekürzten Rente (von der Dauer 0!) mit dem Ende der gemischten Versicherung zusammenfällt, an welchem Zeitpunkt für die Erlebenden ohnehin die Erlebenfallsumme fällig wird.

Werden die Barwerte B^i_x [bzw. $B^i_{x\overline{n}|}$] durch jährliche vorschüssige Prämien aufgebracht, die auf Aktivitätsdauer (bzw. längstens n [besser nur $n - 1$] Jahre) laufen, so erhält man

$$P^i_x = \frac{B^i_x}{\mathrm{a}^a_x}\,; \quad P^i_{x\overline{n}|} = \frac{B^i_{x\overline{n}|}}{\mathrm{a}^a_{x\overline{n}|}} \left(P^i_{x\overline{n-1}|} = \frac{B^i_{x\overline{n}|}}{\mathrm{a}^a_{x\overline{n-1}|}} \right).$$

Diese Zusatzprämien werden im allgemeinen nicht gesondert erhoben, sondern sind bereits in den Prämien des betreffenden Tarifs enthalten.

Werden Invalidenrenten über die eigentliche Dauer der Versicherung hinaus bezahlt, so sind diese von der Hauptversicherung zu trennen und entsprechend den Grundsätzen des § 3 zu behandeln.

§ 9. Beispiele zur Berechnung der Barwerte und der Anwartschaften des II. Kapitels.

1. Die Aktivenrente:

Welchen gegenwärtigen Wert hat für die Kasse ein monatlicher Beitrag von 10 DM, den ein Mitglied des Alters 35 forthin zu Beginn eines jeden Monats auf die Dauer seiner Aktivität, längstens aber bis zur Vollendung seines 60. Lebensjahres zahlt?

$${}^{(12)}\mathrm{a}^a_{x\overline{n}|} = \mathrm{a}^a_{x\overline{n}|} - \mathfrak{B}_{12} \cdot \left(1 - \frac{D^a_{x+n}}{D^a_x}\right) \quad \text{oder} \quad = \frac{{}^{(12)}N^a_x - {}^{(12)}N^a_{x+n}}{D^a_x},$$

wenn für $N^a_x - \mathfrak{B}_{12} \cdot D^a_x$ abgekürzt ${}^{(12)}N^a_x$ geschrieben wird*).

$x = 35$; $n = 25$, $x + n = 60$; Jahresbeitrag: $B = 120.—$

*) ${}^{(12)}\mathrm{a}^a_{x\overline{n}|}$ erhält damit die Form des Barwertes einer jährlich zu zahlenden temporären Aktivenrente!

Gemäß **Tab. 2** ist:

$$N^a_{35} = 417191 \qquad D^a_{35} = 26481 \qquad 0{,}464 \cdot D^a_{35} = 12287$$

$$N^a_{60} = 34774 \qquad D^a_{60} = 5464 \qquad 0{,}464 \cdot D^a_{60} = 2535$$

$$N^a_{35} - N^a_{60} = 382417 \quad D^a_{60} : D^a_{35} = 0{,}206; \quad 1 - D^a_{60} : D^a_{35} = 0{,}794$$

$$\mathbf{a}^a_{35\,\overline{25}|} = 14{,}441 \qquad \text{Abzug: } 0{,}464 \cdot (1 - D^a_{60} : D^a_{35}) = 0{,}368,$$

also

$${}^{(12)}\mathbf{a}^a_{35\,\overline{25}|} = 14{,}073$$

oder:

$${}^{(12)}N^a_{35} = N^a_{35} - 0{,}464 \cdot D^a_{35} = 404904$$

$${}^{(12)}N^a_{60} = N^a_{60} - 0{,}464 \cdot D^a_{60} = 32239$$

$${}^{(12)}N^a_{35} - {}^{(12)}N^a_{60} = 372665$$

$${}^{(12)}\mathbf{a}^a_{35\,\overline{25}|} = 14{,}073.$$

Der gesuchte Wert der Beiträge ist also

$$120 \cdot 14{,}073 = \mathbf{1688{,}76\ DM.}$$

Zum Vergleich sei der Barwert desselben Beitrags ermittelt, wenn er auf dieselbe Dauer, aber ohne Rücksicht auf den Stand der Erwerbsfähigkeit zu zahlen ist:

Gemäß der Sterbetafel M. W. I. 3,5%, Tab. 10 des Anhangs (vgl. auch dazu V. M. I. Tab. 11, S. 40) ist $\mathbf{a}_{35\,\overline{25}|} = \mathbf{14{,}943}$; der Abzug für monatliche Zahlung $0{,}464 \cdot (1 - D_{60} : D_{35})$ ist $= 0{,}338$, also ${}^{(12)}\mathbf{a}_{35\,\overline{25}|} = 14{,}605$; der gesuchte Barwert also

$$120 \cdot 14{,}605 = \mathbf{1752{,}60\ DM.}$$

2. Die Invalidenrente.

a) Einfach abgestufte Invalidensterbetafel.

Welchen Wert hat für einen Invaliden des Alters 75 eine monatlich vorschüssig in der Höhe von 40 DM zu erhebende Rente?

$$x = 75; \text{ Jahresrente: } R = 480.-.$$

$${}^{(12)}\mathbf{a}^i_x = \mathbf{a}^i_x - \mathfrak{B}_{12};$$

$${}^{(12)}\mathbf{a}^i_{75} = \frac{N^i_{75}}{D^i_{75}} - 0{,}464 = \frac{1132{,}8}{204{,}2} - 0{,}464 = 5{,}548 - 0{,}464 = 5{,}084$$

(Tabelle 3).

Der Kapitalwert dieser Rente ist also $5{,}084 \cdot 480 =$ **2440,32 DM.**

Nach der Sterbetafel M. W. I. ist $\mathfrak{a}_{75} = 5{,}626$ (vgl. auch V. M. I. Tab. 10, S. 37) also ${}^{(12)}\mathfrak{a}_{75} = 5{,}162$; Kapitalwert: **2477,76 DM.**

b) Doppelt abgestufte Invalidenausscheidetafel.

Der Einfluß der bisherigen Dauer ν des Rentengenusses auf den Barwert der noch folgenden Renten erhellt zur Genüge aus den folgenden Werten $\mathfrak{a}^{i}_{(x)+\nu}$ (aus den Erfahrungen des Reichsversicherungsamts; vgl. Kap. I, § 4 b, S. 143 und Kap. II, § 2, S. 149).

α) für gleichaltrige Invalide: $(x) + \nu = 34$;

$$\mathfrak{a}^{i}_{(34)+0} = 6{,}51 \quad \mathfrak{a}^{i}_{(33)+1} = 9{,}92 \quad \mathfrak{a}^{i}_{(32)+2} = 12{,}35$$

$$\mathfrak{a}^{i}_{(31)+3} = 14{,}10 \quad \mathfrak{a}^{i}_{(30)+4} = 15{,}53 \quad \mathfrak{a}^{i}_{(29)+5} = 16{,}55$$

$$\mathfrak{a}^{i}_{(28)+6} = 17{,}14 \quad \mathfrak{a}^{i}_{(27)+7} = 17{,}36 \quad \mathfrak{a}^{i}_{34} = 17{,}40,$$

wenn bereits 8 und mehr Jahre im Rentengenuß stehend.

Der Rentenwert ist bei $\nu < \mu = 8$ sehr stark von der bisherigen Dauer ν des Rentenbezugs abhängig.

β) Für Invalide gleichen Invalidisierungsalters: $x = 34$;

$$\mathfrak{a}^{i}_{(34)+0} = 6{,}51 \quad \mathfrak{a}^{i}_{(34)+1} = 9{,}88 \quad \mathfrak{a}^{i}_{(34)+2} = 12{,}12$$

$$\mathfrak{a}^{i}_{(34)+3} = 13{,}57 \quad \mathfrak{a}^{i}_{(34)+4} = 14{,}65 \quad \mathfrak{a}^{i}_{(34)+5} = 15{,}31$$

$$\mathfrak{a}^{i}_{(34)+6} = 15{,}60 \quad \mathfrak{a}^{i}_{(34)+7} = 15{,}57 \quad \mathfrak{a}^{i}_{42} = 15{,}34$$

$$\mathfrak{a}^{i}_{43} = 15{,}06 \text{ usw.}$$

Trotz zunehmenden Alters steigt der Rentenwert mit ν; erst von $\nu = 6$ an nimmt der Wert langsam ab.

γ) Für Invalide gleicher bisheriger Bezugsdauer: $\nu = 4 \quad 30 \leqq x \leqq 34$;

$$\mathfrak{a}^{i}_{(30)+4} = 15{,}53 \quad \mathfrak{a}^{i}_{(31)+4} = 15{,}31 \quad \mathfrak{a}^{i}_{(32)+4} = 15{,}09$$

$$\mathfrak{a}^{i}_{(33)+4} = 14{,}87 \quad \mathfrak{a}^{i}_{(34)+4} = 14{,}65 \text{ usw.}$$

Die Werte nehmen bei gleicher Bezugsdauer ν mit dem Alter $(x) + \nu$ des Rentenempfängers in dem betrachteten Bereich nur sehr langsam ab.

3. Die Anwartschaft eines Aktiven auf Invalidenrente.

a) Gleichbleibende Rente.

Welchen Wert hat für einen Aktiven des Alters 35 eine Rente, welche ihm vom Eintritt der Erwerbsunfähigkeit an monatlich im voraus in der Höhe von 50 DM auf Lebenszeit ausbezahlt werden soll?

$$x = 35;\ \text{Jahresrente: } R = 600.-.$$

$$^{(12)}\mathfrak{a}_x^{ai} = \frac{^{(12)}N_x^{ai}}{D_x^a};\quad ^{(12)}\mathfrak{a}_{35}^{ai} = \frac{^{(12)}N_{35}^{ai}}{D_{35}^a} = \frac{62287}{26481}\ \begin{matrix}\textbf{(Tabelle 4)}\\ \textbf{(Tabelle 2)}\end{matrix}$$

$$= \mathbf{2{,}352}.$$

Der gesuchte Wert der Anwartschaft ist also $600 \cdot 2{,}352$ $= \mathbf{1411{,}20}$ **DM.**

b) Mit der Aktivitätsdauer steigende Rente.

Welchen Wert hat die Rente unter a), wenn sie während der Aktivität des Mitglieds jährlich um 2% des Grundbetrags steigt?

NB.: Es ist nicht das gleiche Problem, wenn die Rente monatlich um 2% des monatlich zu zahlenden Grundbetrags steigen würde, wenn also z. B. im 1. Jahre die Raten nicht alle 50.—, sondern in den einzelnen Monaten 50.—, 51.—, 52.— usw. betragen würden!

$$x = 35;\ R = 600.-,\ \varepsilon = 12.-.$$

$$^{(12)}\underset{<}{\mathfrak{a}_x^{ai}}(R,\varepsilon) = \frac{R \cdot {}^{(12)}N_x^{ai} + \varepsilon \cdot {}^{(12)}S_{x+1}^{ai}}{D_x^a};$$

$$^{(12)}\underset{<}{\mathfrak{a}_{35}^{ai}}(600;\ 12) = \frac{600 \cdot {}^{(12)}N_{35}^{ai} + 12 \cdot {}^{(12)}S_{36}^{ai}}{D_{35}^a}$$

(**Tabelle 4:** $^{(12)}S_{36}^{ai} = 1296175$) $= 1411{,}20 + 12 \cdot 48{,}95$
$= \mathbf{1411{,}20 + 587{,}40.}$

Der Barwert dieser steigenden Rente beträgt **1998,60 DM.**

4. Die Hinterbliebenenrenten.

a) Die Witwenrente.

Ein Ehemann hinterläßt bei seinem Tod eine 45 jährige Witwe, an welche zu Beginn eines jeden Monats, so lange sie lebt, 200 DM ausbezahlt werden sollen. Welchen Wert hat diese Rente?

$$y = 45;\ R = 2400.-.$$

$$^{(12)}\mathfrak{a}_y = \mathfrak{a}_y - \mathfrak{B}_{12};\quad \mathfrak{a}_{45} = \frac{N_{45}}{D_{45}} = \frac{158367}{10310} = 15{,}361 \quad \textbf{(Tabelle 5)}$$

$$^{(12)}\mathfrak{a}_{45} = \mathfrak{a}_{45} - 0{,}464 \quad = 14{,}897.$$

Barwert der Witwenrente beim Tod des Mannes:

$$2400 \cdot 14{,}897 = \mathbf{35752{,}80\ DM.}$$

b) Die Waisenrente.

Um wieviel erhöht sich der Wert unter a), wenn außerdem noch 3 Waisen im Alter von 5, 9 und 14 Jahren monatlich vorschüssig bis zur Vollendung des 18. Lebensjahres je einen Betrag von 30 DM erhalten sollen?

$$z_1 = 5,\ z_2 = 9,\ z_3 = 14;\ R = 360.-. \quad \textbf{(Tabelle 8.)}$$

$$^{(12)}\mathfrak{a}_z = \mathfrak{a}_z - \mathfrak{B}_{12} \cdot (1 - D_{18} : D_z)$$

$$\mathfrak{a}_z = N_z : D_z;$$

$$z_1 = 5;\quad ^{(12)}\mathfrak{a}_5 = 10{,}046;\ \text{denn } \mathfrak{a}_5 = \frac{1146122}{111980} = 10{,}235;$$

$$\frac{D_{18}}{D_5} = \frac{66360}{111980} = 0{,}5926;$$

Abzug: 0,189

$$z_2 = 9;\quad ^{(12)}\mathfrak{a}_9 = 7{,}607;\ \text{denn } \mathfrak{a}_9 = \frac{727340}{93940} = 7{,}743;$$

$$\frac{D_{18}}{D_9} = \frac{66360}{93940} = 0{,}7064;$$

Abzug: 0,136

$$z_3 = 14;\quad ^{(12)}\mathfrak{a}_{14} = 3{,}714;\ \text{denn } \mathfrak{a}_{14} = \frac{292441}{77373} = 3{,}780;$$

$$\frac{D_{18}}{D_{14}} = \frac{66360}{77373} = 0{,}8577;$$

Abzug: 0,066

zusammen: **21,367**

Die Waisenrenten haben also zusammen den Wert $360 \cdot 21{,}367$ = **7692,12 DM.**

Die Gesamtbelastung aus Hinterbliebenenrente beträgt also in unserem Beispiel: 35752,80 für Witwenrente,

7692,12 für die 3 Waisenrenten,

insgesamt: **43444,92 DM.**

5. Die Anwartschaften auf Hinterbliebenenrente.

A. Die Anwartschaft auf Witwenrente.

a) In der selbständigen Witwenversicherung.

α) Welchen Wert hat die Anwartschaft eines 65jährigen Invaliden auf Witwenrente für seine gegenwärtig 50jährige Frau, wenn die Rente jährlich vorschüssig in der Höhe von 1200 DM von seinem Tod an an die Witwe auf Lebenszeit bezahlt werden soll?

$x = 65 \quad \Delta = +15$

$y = 50 \quad R = 1200.-$. **Tabelle 7/1.:** $\mathbf{a}^{i}_{65|50} = \mathbf{6{,}60}$;

die Anwartschaft hat also den Wert $1200 \cdot 6{,}60 =$ **7920 DM.** (Einmalprämie).

β) Welchen Wert hat dieselbe Anwartschaft, wenn das Mitglied bei Abschluß der Versicherung noch aktiv ist?

Tabelle 7/2.: $\mathbf{a}^{a}_{65|50} = \mathbf{6{,}22}$; Wert der Anwartschaft in diesem Fall: $1200 \cdot 6{,}22 =$ **7464 DM.**

Hier beginnt die Witwenrente beim Tode des Mannes, gleichviel, ob er dann noch aktiv oder schon invalid war, und dauert bis zum Tod der Witwe.

b) In der unselbständigen Witwenversicherung.

α) Welchen Wert hat die Anwartschaft eines Invaliden unbekannten Familienstandes (Alter 65) auf obige Witwenrente, wenn diese vorschüssig in monatlichen Raten bezahlt wird?

Nach **Tabelle 5** ist für $x = 65$: ${}^{(12)}\mathbf{a}^{iw}_{65} = \mathbf{4{,}57}$.

Der Wert der Anwartschaft ist also: $1200 \cdot 4{,}57 =$ **5484 DM.**

β) Welchen Wert hat die Anwartschaft auf dieselbe Witwenrente, wenn das Mitglied noch aktiv ist?

Nach **Tabelle 6** ist: $^{(12)}N_{65}^{aw} = 11330$

„ „ **2** „ $D_{65}^{a} = 2715$;

demnach $^{(12)}\mathrm{a}_{65}^{aw} = \frac{^{(12)}N_{65}^{aw}}{D_{65}^{a}} = \mathbf{4{,}173}$.

Der Wert der Anwartschaft ist also für ein aktives Mitglied: $1200 \cdot 4{,}173 =$ **5007,60 DM.**

γ) Soll der Betrag der Witwenrente mit jedem Jahr der Aktivität des Mitglieds um 2% des Grundbetrags, also um 24 DM, steigen (aber nicht monatlich um 2 DM!), so erhalten wir:

$$^{(12)}\underset{<}{\mathrm{a}_{65}^{aw}}(1200;\,24) = \frac{1200 \cdot {}^{(12)}N_{65}^{aw} + 24 \cdot {}^{(12)}S_{66}^{aw}}{D_{65}^{a}}$$

$$= 1200 \cdot 4{,}173 + 24 \cdot 14{,}97,$$

$$= 5007{,}60 + 359{,}28,$$

$$= \mathbf{5366{,}88\ DM.}$$

Tabelle 6: $^{(12)}S_{66}^{aw} = 40635$.

B. Die Anwartschaft auf Waisenrente

in der unselbständigen Waisenversicherung.

α) Welchen Wert hat die Anwartschaft auf Waisenrente für einen 65jährigen Invaliden unbekannten Familienstandes, wenn gegebenenfalls eine Waisenrente von monatlich 15 DM bis zum vollendeten 15. Lebensjahr bezahlt wird?

Für $x = 65$ und $R = 180$.— ist nach **Tabelle 9** diese Anwartschaft mit $R \cdot {}^{(12)}\mathrm{a}_{65}^{ik} = 180 \cdot 0{,}72 =$ **129,60 DM** zu bewerten (Zinsfuß 3%).

β) Welchen Wert hat die Anwartschaft auf die gleiche Waisenrente, wenn das Mitglied noch aktiv ist?

Da nach **Tabelle 9:** $^{(12)}\mathrm{a}_{65}^{ak} = 0{,}52$, ist der gesuchte Wert hier $180 \cdot 0{,}52 =$ **93,60 DM.**

γ) Soll der Betrag der Waisenrente für jedes Jahr aktiver Mitgliedschaft um 2% des Grundbetrags, also jährlich um 3,60 DM steigen, so ist — da nach **Tabelle 9:** $^{(12)}\underset{<}{\mathrm{a}_{65}^{ak}} = 1{,}74$ ist — der Wert der Anwartschaft:

$$180 \cdot 0{,}52 + 3{,}60 \cdot 1{,}74 = 93{,}60 + 6{,}26 = \mathbf{99{,}86\ DM.}$$

6. Einmalige Leistungen.

a) Sterbegeldversicherung.

α) Welchen Wert hat für einen 50jährigen Invaliden eine Sterbegeldversicherung auf die Summe von 300 DM, zahlbar am Schluß des Sterbejahres?

$x = 50$; $S = 300.-$; **Tab. 3:** $\mathfrak{a}^i_{50} = 11{,}22$, also $A^i_{50} = 1 - d \cdot \mathfrak{a}^i_{50} = 1 - 0{,}03382 \cdot 11{,}22 = 0{,}62054$, demnach Einmalprämie: $300 \cdot 0{,}62054 =$ **186,16 DM.**

β) Welchen Wert hat diese Versicherung für einen 50jährigen Aktiven, wenn das Sterbegeld nur bei Tod in Aktivität gewährt wird?

Tab. 2: $M^a_{50} = 2770$, $D^a_{50} = 12389$; $\mathfrak{A}^{aa}_{50} = M^a_{50} : D^a_{50} = 0{,}2236$; Einmalprämie: $300 \cdot 0{,}2236 =$ **67,08 DM.**

β_1) Soll jährlich auf die Dauer der Aktivität eine Prämie bezahlt werden, so ist diese folgendermaßen zu berechnen: $N^a_{50} = 126095$; $\mathfrak{a}^a_{50} = N^a_{50} : D^a_{50} = 10{,}1780$; $\mathfrak{P}^{aa}_{50} = M^a_{50} : N^a_{50} = \mathfrak{A}^{aa}_{50} : \mathfrak{a}^a_{50} = 0{,}02197$; also ist auf die Dauer der Aktivität jährlich vorschüssig $300 \cdot 0{,}02197 =$ **6,59 DM** für diese Sterbegeldversicherung zu zahlen.

β_2) Soll schließlich die jährliche Prämie auf Aktivitätsdauer, höchstens aber bis zur Vollendung des 65. Lebensjahres zu entrichten, so erhält man

$$\begin{array}{r} N^a_{50} = 126095 \\ N^a_{65} = 13250 \\ \hline N^a_{50} - N^a_{65} = 112845; \end{array} \qquad \mathfrak{a}^a_{50\,\overline{15}|} = \frac{N^a_{50} - N^a_{65}}{D^a_{50}} = 9{,}1085$$

$$\text{demnach:} \quad \mathfrak{P}^{aa}_{50\,\overline{15}|} = \frac{M^a_{50}}{N^a_{50} - N^a_{65}} = \frac{\mathfrak{A}^{aa}_{50}}{\mathfrak{a}^a_{50\,\overline{15}|}} = 0{,}02455;$$

es ist also in letzterem Fall jährlich vorschüssig auf Aktivitätsdauer, längstens aber 15 Jahre, eine Prämie: $300 \cdot 0{,}02455 =$ **7,37 DM** zu entrichten.

b) Pensionsgeld- und Sterbegeldversicherung.

Wie groß ist der Wert einer solchen Versicherung für ein im Alter von 40 Jahren eintretendes Mitglied, wenn beim Ausscheiden aus der Aktivität, sei es infolge Tod oder infolge eingetretener Erwerbsunfähigkeit, spätestens aber mit Vollendung des 65. Lebensjahres eine Summe von 2000 DM fällig werden soll?

$$x = 40,\ n = 25;\ S = 2000\ \text{DM}.$$

$$A^a_{x\,\overline{n}|} = \frac{\Sigma(C^a_x + C^J_x) - \Sigma(C^a_{x+n} + C^J_{x+n}) + D^a_{x+n}}{D^a_x} = 1 - d \cdot \mathbf{a}^a_{x\,\overline{n}|}.$$

Tabelle 2:

$$N^a_{40} = 295922 \qquad M^a_{40} + M^J_{40} = 11076 +$$

$$N^a_{65} = 13250 \qquad M^a_{65} + M^J_{65} = 2267 -$$

$$N^a_{40} - N^a_{65} = 282672 \qquad D^a_{65} = 2715 +$$

$$D^a_{40} = 21083 \qquad 11524$$

$$\mathbf{a}^a_{40\,\overline{25}|} = \frac{282672}{21083} = 13{,}4076 \qquad A^a_{40\,\overline{25}|} = \frac{11524}{21083} = 0{,}5466$$

oder $A^a_{40\,\overline{25}|} = 1 - 0{,}0338164 \cdot 13{,}4076 = 0{,}5466$

Der gesuchte Wert der Anwartschaft ist also $2000 \cdot 0{,}5466$ = **1093,20 DM** (Einmalprämie).

Soll jährlich vorschüssig eine Prämie auf Aktivitätsdauer, höchstens aber 25 Jahre lang, entrichtet werden, so ist diese jährliche Prämie folgendermaßen zu berechnen:

$$P^a_{x\,\overline{n}|} = \frac{\sum(C^a_x + C^J_x) - \sum(C^a_{x+n} + C^J_{a+n}) + D^a_{x+n}}{N^a_x - N^a_{a+n}}$$

$$= \frac{A^a_{x\,\overline{n}|}}{\mathbf{a}^a_{x\,\overline{n}|}} = \frac{1}{\mathbf{a}^a_{x\,\overline{n}|}} - d\,.$$

$$P^a_{40\,\overline{25}|} = \frac{11524}{282672} = \frac{0{,}5466}{13{,}4076} = 0{,}0745845 - 0{,}0338164 = 0{,}0407681.$$

Die Jahresprämie für unsere Pensions- und Sterbegeldversicherung ist also $2000 \cdot 0{,}0407681$ = **81,54 DM.**

Die im vorstehenden gegebenen Beispiele zur Berechnung der Werte der Renten und der Anwartschaften auf diese Renten (einmaligen Prämien) und der zugehörigen jährlichen (bzw. monatlichen) Prämien genügen, einen Einblick in die oft recht umfangreichen Berechnungen, welche manche technische Probleme der Sozialversicherung erfordern, zu vermitteln. Im übrigen sei auf die betreffenden Angaben des Literaturverzeichnisses hingewiesen.

III. Kapitel.

Die Beitragsberechnung in der Sozialversicherung.

§ 1. Das Wesen der Durchschnittsprämie.

Im Gegensatz zu der privaten Lebensversicherung, welche die Prämie nach dem Eintrittsalter abstuft und den Versicherten die Höhe der Versicherungssumme selbst wählen läßt, entrichten bei den sozialen Versicherungsunternehmungen die Mitglieder ohne Rücksicht auf das Eintrittsalter entweder durchweg denselben Beitrag oder wenigstens denselben Prozentsatz ihres jeweiligen Einkommens; danach richtet sich hauptsächlich auch die Gegenleistung, welche in besonderen Fällen auch noch von der Zahl der Mitgliedsjahre abhängt, die bis zum Versicherungsfall zurückgelegt sind.

Man hat auch die Mitglieder zur Zeit der Gründung der Kasse (Gründungsmitglieder) von den Mitgliedern, welche neu eintreten (Neuzugang), zu unterscheiden, deren durchschnittliches Alter in der Regel bedeutend niedriger ist als das der Gründungsmitglieder.

Bei der Gründung ergibt sich aus der Äquivalenz der Summe der Barwerte aller Beiträge und der Summe der Barwerte aller Leistungen für alle Gründungsmitglieder ein bestimmter gemeinsamer Beitrag (oder ein bestimmter gemeinsamer Prozentsatz des jeweiligen Einkommens).

Für den Neuzugang ist dieser Beitrag zu hoch, da eine bestimmte Altersgrenze für den künftigen Eintritt in die Kasse unbedingt festgesetzt werden muß.

Will man vermeiden, daß die neu zugehenden Mitglieder einen anderen Beitrag zahlen als die Gründungsmitglieder, so müssen zur Berechnung des Einheitsbeitrags gewisse Voraussetzungen über den vermutlich zu erwartenden Neuzugang gemacht werden, die sich einerseits auf den relativen Altersaufbau desselben beziehen und andererseits die natürliche Vermehrung der zuständigen Bevölkerungsgruppe berücksichtigen.

Man wird von Zeit zu Zeit eine Nachprüfung dieser Annahmen über die statistischen Grundlagen und damit auch eine Nachprüfung der Beitragsberechnung vornehmen müssen, da eine Änderung der Rechnungsgrundlagen in der Regel eine

Änderung der Barwerte der Leistungen und Gegenleistung und damit eine Störung des versicherungstechnischen Gleichgewichts, das zur Zeit der Gründung bestand, zur Folge hat. Zuweilen kann die Kasse auf Zuschüsse von dritter Seite rechnen, welche dieses Gleichgewicht immer wieder herstellen.

§ 2. Die Beitragsberechnung für die Gründungsmitglieder.

Eine Pensionskasse habe zur Zeit der Gründung folgenden Mitgliederstand: $M_\gamma, M_{\gamma+1}, \ldots M_\delta$ (vom jüngsten Alter γ bis zu dem höchsten noch zulässigen Alter δ).

Die beabsichtigten Leistungen der Kasse seien:

1. Jedes Mitglied erhält vom Eintritt der Erwerbsunfähigkeit an, wenn dieser vor dem vollendeten 65. Lebensjahre erfolgt, eine (l.l.) Invalidenrente R und für jedes in Aktivität zurückgelegte Mitgliedsjahr eine Steigerung ε.

2. Hat das Mitglied das 65. Lebensjahr als Aktiver vollendet, so erhält es die zutreffende Rente (mit den ihm zustehenden Steigerungen) als (l.l.) Altersrente.

NB.: Eine etwa zu gewährende Witwen- und Waisenrente wäre in der gleichen Art in die Berechnung einzuschließen; der Einfachheit halber möge hier davon abgesehen werden.

Um diese Leistungen bewerkstelligen zu können, soll von jedem Mitglied auf die Dauer seiner Aktivität, längstens aber bis zum vollendeten 65. Lebensjahr ein gleichbleibender, jährlich vorschüssig zu entrichtender Beitrag P erhoben werden.

Dieser Beitrag P muß derart bemessen sein, daß bei der Gründung der Kasse zwischen dem Barwert der gesamten Leistungen der Kasse und dem Barwert der gesamten Mitgliederbeiträge Gleichgewicht besteht.

I. Barwert der Beiträge.

Der Wert der Zahlung 1, welche vom Alter x an jährlich vorschüssig auf die Dauer der Aktivität, höchstens aber $65 - x$ Jahre lang zu entrichten ist, ergibt sich durch

$$a^a_{x,\,\overline{65-x}|} = \frac{N^a_x - N^a_{65}}{D^a_x}.$$

Der Barwert aller künftigen Mitgliederbeiträge (von der Höhe 1) ist also zur Zeit der Gründung:

$$B = M_\gamma \cdot \mathrm{a}^a_{\gamma,\overline{65-\gamma|}} + M_{\gamma+1} \cdot \mathrm{a}_{\gamma+1\,\overline{64-\gamma|}} + \cdots + M_\delta \cdot \mathrm{a}^a_{\delta,\overline{65-\delta|}}$$
$$= S\left\{M_x \cdot \mathrm{a}^a_{x,\overline{65-x|}}\right\}.$$

Die Summe S ist über alle vorkommenden Alter $\gamma \leqq x \leqq \delta$ zu erstrecken. Beträgt der gemeinsame Beitrag P, so ist der Barwert aller Beiträge

$$P \cdot B.$$

II. Barwert der Versicherungsleistungen.

a) Anwartschaften auf Invalidenrente.

Das Mitglied des Alters x hat in erster Linie Anrecht auf die Grundrente R, die gewährt wird, falls das Mitglied vor dem 65. Lebensjahr invalide wird; außerdem hat es, wenn es im 2. Mitgliedsjahr invalide wird, Anrecht auf die Zusatzrente ε, wenn es im 3. Mitgliedsjahr invalide wird, Anrecht auf die Zusatzrente 2ε usw. ..., im Höchstfall, wenn es im 65. Lebensjahr invalide wird, Anrecht auf die Zusatzrente $(65 - x - 1)\varepsilon$.

Wir haben hier den Fall der beschränkten Steigerung. Der Wert der Anwartschaft auf diese steigende Invalidenrente ist also für ein Mitglied des Alters x

$$\mathrm{a}^{ai}_{\underset{<}{x}\,\overline{65-x|}}\left(R;\ \underset{64-x}{\varepsilon}\right) = \frac{R(N^{ai}_x - N^{ai}_{65}) + \varepsilon(S^{ai}_{x+1} - S^{ai}_{65} - (64-x)N^{ai}_{65})}{D^a_x}.$$

Der Wert der Anwartschaften aller Gründungsmitglieder auf Invalidenrente ist also

$$J = S\left\{M_x\, \mathrm{a}^{ai}_{\underset{<}{x}\,\overline{65-x|}}\left(R;\ \underset{64-x}{\varepsilon}\right)\right\}.$$

b) Anwartschaften auf Altersrente.

Die Altersrente ist für ein Mitglied des Alters x eine um $65 - x$ Aktivitätsjahre aufgeschobene lebenslängliche Leibrente vom Betrag: $R + (65 - x)\varepsilon$, wenn mit dem Erleben des 65. Lebensjahres in Aktivität noch eine letzte Steigerung verknüpft ist. Der Wert der Anwartschaft auf diese Altersrente ist also:

$$\mathrm{a}^{aA(65)}_x(R, \varepsilon) = (R + (65 - x)\varepsilon) \cdot \frac{D^a_{65}}{D^a_x} \cdot \mathrm{a}_{65},$$

wobei $a_{65} = \frac{N_{65}}{D_{65}}$ aus einer gemischten Sterbetafel oder einer besonderen Altersrentnertafel zu berechnen ist.

Eine erst nach dem 65. Lebensjahr eintretende Erwerbsunfähigkeit ändert an der Höhe der bereits laufenden (Alters-) Rente nichts mehr.

Der Wert der Anwartschaften aller Gründungsmitglieder auf Altersrente ist also:

$$A = S\{M_x \cdot a_x^{aA(65)}(R, \varepsilon)\}.$$

III. Berechnung des Durchschnittsbeitrags.

Aus der Äquivalenz von Leistung und Gegenleistung für die Gesamtheit der Gründungsmitglieder

$$B \cdot P = J + A$$

ergibt sich als durchschnittlicher Beitrag für diese Mitglieder

$$P = \frac{J + A}{B}.$$

Dieser Beitrag P ist von allen Gründungsmitgliedern in gleicher Höhe auf die Dauer ihrer Aktivität jährlich vorschüssig zu entrichten, bis sie das 65. Lebensjahr erreicht haben. Mit Erreichung des 65. Lebensjahres hört die Beitragszahlung auf und beginnt die Altersrente.

Wird der jährliche Beitrag nach gleichen Prozenten k des durchschnittlichen Gehalts G_x, das ein aktives Mitglied des Alters x bezieht, bemessen, so tritt (gemäß Kap. II, § 1b, S. 148) an die Stelle von $P \cdot a^a_{x, \overline{65-x}|}$ der Ausdruck

$$\frac{k}{100} \cdot \frac{\Sigma G_x \cdot D_x^a - \Sigma G_{65} \cdot D_{65}^a}{D_x^a}.$$

Der Barwert der Beiträge aller Gründungsmitglieder ist somit $\frac{k}{100} \cdot B'$ und der (gleiche) Prozentsatz k des Gehalts, der für die ganze Aktivitätsdauer, längstens aber bis zur Vollendung des 65. Lebensjahres von allen Gründungsmitgliedern zu erheben ist, ergibt sich aus der Äquivalenz:

$$\frac{k}{100} \cdot B' = J + A \quad \text{zu} \quad k = \frac{(J + A) \cdot 100}{B'},$$

wobei
$$B' = S\left\{M_x \cdot \frac{\Sigma G_x^a \cdot D_x^a - \Sigma G_{65} \cdot D_{65}^a}{D_x^a}\right\}.$$

Die Summe S ist über alle Alter x von γ bis δ zu erstrecken, die Summen Σ aber von dem jeweiligen x bis an das Ende der Aktiventafel!

§ 3. Beitragsberechnung für später eintretende Mitglieder (Neuzugang).

a) War bereits bei der Gründung nur eine tunlichst beschränkte Altersgruppe von γ bis δ aufnahmefähig und steht auch späterhin nur Personen dieser Altersgruppe der Eintritt frei, so kann man auch für den Neuzugang den in § 2 berechneten Durchschnittsbeitrag (bzw. den dort berechneten durchschnittlichen Prozentsatz) beibehalten.

b) War jedoch der Spielraum γ bis δ bei der Gründung groß und ist für den Neuzugang eine bedeutend kleinere Altersgruppe γ bis γ' vorgesehen, so muß der Beitrag P_1 für den Neuzugang geringer sein als der Beitrag P für die Gründungsmitglieder. Man bemißt P_1 zweckmäßig so, daß er für das mittlere Zugangsalter x_1 gut ausreicht:

$$P_1 \cdot \mathbf{a}^a_{x_1, \overline{65-x_1|}}$$
$$= \frac{R \cdot (N^{ai}_{x_1} - N^{ai}_{65}) + \varepsilon\,(S^{ai}_{x_1+1} - S^{ai}_{65} - (64 - x_1) \cdot N^{ai}_{65}) + D^a_{65} \cdot \mathbf{a}_{65}(R + (65 - x_1)\,\varepsilon)}{D^a_{x_1}} = \frac{Z}{D^a_{x_1}},$$

somit
$$P_1 = \frac{Z}{N^a_{x_1} - N^a_{65}}.$$

Will man aus Vereinsrücksichten auch von den Gründungsmitgliedern diesen kleineren Beitrag P_1 erheben, so muß der dadurch entstehende Fehlbetrag auf andere Weise gedeckt sein (etwa durch Zuschüsse von dritter Seite), damit die Kasse solvent bleibt.

§ 4. Beitragsberechnung bei Zwangskassen unter Berücksichtigung des allgemeinen Wachstums der Bevölkerung.

Bei Kassen mit Zwangsbeitritt, die ihrer Organisation nach schon bei der Gründung mit einer sehr langen Dauer und mit einem großen, infolge eines gesetzlich geregelten Neuzugangs stetig anwachsenden Mitgliederstand rechnen können, muß das Wachstum der Bevölkerung gleich zu Beginn ihrer Wirksamkeit berücksichtigt werden.

I. Barwert der Beiträge.

a) Barwert der Beiträge der Gründungsmitglieder.

Dieser Barwert wird nach § 2, I berechnet:

$$P \cdot B_0 = P \cdot S\left\{M_x^0 \cdot \mathrm{a}^a_{x,\overline{65-x}|}\right\}.$$

S erstreckt sich von γ bis δ; M_x^0 ist die Zahl der Gründungsmitglieder des Alters x.

b) Barwert der Beiträge des Neuzugangs im 1. Jahr.

Wir nehmen an, daß alle Neueintritte $\{M_x^1$ Personen des Alters x, wobei $\gamma \leqq x \leqq \gamma'\}$ durchschnittlich in der Mitte des 1. Jahres erfolgen.

Der Barwert der Beiträge des ersten Neuzugangs ist demnach

$$P \cdot B_1 = v^{\frac{1}{2}} \cdot P \cdot S'\left\{M_x^1 \cdot \mathrm{a}^a_{x,\overline{65-x}|}\right\}.$$

S' erstreckt sich nur von γ bis γ'!

c) Barwert der Beiträge des gesamten zu erwartenden Neuzugangs.

Nimmt man an, daß der Neuzugang jedes Jahr denselben Altersaufbau zeigt und genau so wächst wie die ganze Bevölkerung {der Vermehrungsfaktor c muß der Bedingung: $v < cv < 1$ genügen}, so ist der Barwert der Beiträge des gesamten Neuzugangs:

$$P \cdot B_1 (1 + c \cdot v + c^2 \cdot v^2 + \cdots) = \frac{P \cdot B_1}{1 - c \cdot v}.$$

Der Gesamtwert aller Beiträge ist zur Zeit der Gründung:

$$P\left(B_0 + \frac{B_1}{1 - cv}\right).$$

II. Barwert der Versicherungsleistungen.

a) Barwert der Versicherungsleistungen an die Gründungsmitglieder.

Aus § 2, II folgt:

$$J_0 + A_0 = S\left\{\frac{M_x^0}{D_x^a}\left[R\cdot(N_x^{ai} - N_{65}^{ai} + D_{65}^a\cdot \mathfrak{a}_{65}) + \right.\right.$$

$$\left.\left. + \varepsilon\cdot(S_{x+1}^{ai} - S_{65}^{ai} - (64 - x)\,N_{65}^{ai} + (65 - x)\,D_{65}^a\cdot \mathfrak{a}_{65})\right]\right\}.$$

b) Barwert der Versicherungsleistungen an den Neuzugang des 1. Jahres.

Entsprechend ist

$$J_1 + A_1 = v^{\frac{1}{2}}\cdot S'\left\{\frac{M_x^1}{D_x^a}\left[R\cdot(N_x^{ai} - N_{65}^{ai} + D_{65}^a\cdot \mathfrak{a}_{65}) + \right.\right.$$

$$\left.\left. + \varepsilon\cdot(S_{x+1}^{ai} - S_{65}^{ai} - (64 - x)\,N_{65}^{ai} + (65 - x)\,D_{65}^a\cdot \mathfrak{a}_{65})\right]\right\}.$$

c) Barwert der Versicherungsleistungen an den gesamten Neuzugang.

Unter denselben Voraussetzungen wie in Ic) ergibt sich:

$$(J_1 + A_1)\cdot(1 + c\cdot v + c^2\cdot v^2 + \cdots) = \frac{J_1 + A_1}{1 - c\,v}.$$

Der Gesamtwert aller Leistungen ist zur Zeit der Gründung

$$J_0 + A_0 + \frac{J_1 + A_1}{1 - c\,v}.$$

III. Berechnung des Durchschnittsbeitrags für alle Mitglieder.

Der von allen Mitgliedern, ob sie bereits bei der Gründung oder ob sie später beitreten, zu zahlende Beitrag P ergibt sich aus der Gleichsetzung des Gesamtwertes aller Beiträge mit dem Gesamtwert aller Leistungen:

$$\boldsymbol{P = \frac{(J_0 + A_0)\cdot(1 - c\,v) + J_1 + A_1}{B_0\cdot(1 - c\,v) + B_1}}.$$

Nach demselben Prinzip kann auch ein gleichbleibender Prozentsatz des jeweiligen Einkommens, der als Beitrag für alle Mitglieder erhoben werden soll, berechnet werden. Es wird nötig sein, diese Berechnungen von Zeit zu Zeit einer Nachprüfung zu unterziehen, da sich die Grundlagen inzwischen geändert haben können.

§ 5. Die Nachprüfung der Vermögenslage einer Pensionskasse.

Soll die Vermögenslage einer Kasse nach längerem Bestand noch zufriedenstellend sein, so muß nicht nur bei der Gründung, sondern auch späterhin der Barwert der zukünftigen Leistungen der noch vorhandenen aktiven Mitglieder zuzüglich des bisher angesammelten Vermögens V ausreichen, um die Verpflichtungen (laufende und künftige) in ihrem Barwert zu decken.

Es sei:

A der Wert der Anwartschaften aller aktiven (gegenwärtigen und zukünftigen) Mitglieder auf Altersrente,

J der Wert der Anwartschaften derselben Personen auf Invalidenrente,

A' der Wert der laufenden Altersrenten,

J' der Wert der laufenden Invalidenrenten,

B' der Wert der Beiträge in der Höhe 1 aller aktiven (gegenwärtigen und zukünftigen) Mitglieder und

V das Vermögen der Kasse in dem Zeitpunkt der Prüfung,

dann muß folgende Gleichung bestehen:

$$P \cdot B' + V = A' + J' + A + J,$$

also

$$P = \frac{A' + J' + A + J - V}{B'}.$$

Damit ist zugleich eine Nachprüfung des Beitrags P, der zur Zeit der Gründung der Kasse ausreichend war, gegeben. Ergibt die Prüfung, daß das Vermögen V zu klein ist, so muß P erhöht werden; erweist sich das Vermögen als wesentlich zu groß, so können entweder die Leistungen erhöht oder die Beiträge ermäßigt werden. Im allgemeinen ist das erstere vorzuziehen; da sich die Mitglieder bereits an die Beiträge gewöhnt haben, ist ihnen eine Erhöhung der Leistungen willkommen.

Das Vermögen

$$V = A' + J' + A + J - P \cdot B'$$

tritt bei dieser Art der Beitragsberechnung an die Stelle der Prämienreserve (des Deckungskapitals) der Versichertengesamtheit.

Eine Individualreserve gibt es bei diesem Prämiendurchschnittsverfahren nicht; die Frage der Abfindung austretender Mitglieder harrt noch ihrer einwandfreien Lösung.

Tabelle 1. Die Aktiventafel
von Dr. H. Zimmermann (Nicht-Zugpersonal).

Alter x	W. aktiv zu sterben $q_x^{aa} \cdot 10^5$	W. invalid zu werden $i_x \cdot 10^5$	Zahl der Aktiven l_x^a	Aktive Sterbefälle d_x^a	Invalidi-sierungen J_x
20	907	21	100000	907	21
21	866	26	99072	858	26
22	828	33	98188	813	32
23	792	40	97343	771	39
24	762	47	96533	736	45
25	739	54	95752	707	52
26	717	62	94933	681	59
27	700	71	94253	660	67
28	690	80	93526	645	75
29	685	85	92806	636	79
30	683	96	92091	629	88
31	686	113	91374	627	103
32	703	131	90644	637	119
33	717	156	89888	645	140
34	741	187	89103	660	167
35	766	220	88276	676	194
36	801	248	87406	700	217
37	830	282	86489	718	244
38	867	310	85527	742	265
39	898	341	84520	759	288
40	936	382	83473	781	319
41	966	437	82373	796	360
42	1010	488	81217	821	396
43	1055	554	80000	844	443
44	1104	626	78713	869	493
45	1157	698	77351	895	540
46	1227	771	75916	932	585
47	1288	887	74399	958	660
48	1354	1026	72781	985	747
49	1441	1178	71049	1024	837
50	1524	1375	69188	1055	951
51	1600	1609	67182	1075	1081
52	1690	1838	65026	1099	1195
53	1784	2075	62732	1119	1302
54	1842	2373	60311	1111	1431

Tabelle 1 (Fortsetzung).

Alter x	W. aktiv zu sterben $q_x^{aa} \cdot 10^5$	W. invalid zu werden $i_x \cdot 10^5$	Zahl der Aktiven l_x^a	Aktive Sterbefälle d_x^a	Invalidisierungen J_x
55	1916	2687	57769	1107	1552
56	2005	3059	55110	1105	1686
57	2082	3507	52319	1089	1835
58	2191	4069	49395	1082	2010
59	2339	4695	46303	1083	2174
60	2520	5427	43046	1085	2336
61	2683	6185	39625	1063	2451
62	2922	7039	36111	1055	2542
63	3137	7914	32514	1020	2573
64	3357	8814	28921	971	2549
65	3515	9752	25401	893	2477
66	3708	10851	22031	817	2390
67	3879	12009	18824	730	2261
68	4101	13166	15833	649	2085
69	4227	14479	13099	554	1896
70	4438	15781	10649	473	1680
71	4733	17085	8496	402	1452
72	5143	18374	6642	342	1220
73	5655	19246	5080	287	978
74	6268	19975	3815	239	762
75	6830	20617	2814	192	580
76	7354	21197	2042	150	433
77	7844	21730	1459	115	317
78	8308	22226	1027	85	228
79	8747	22692	714	63	162
80	9166	23134	489	45	113
81	9575	23537	331	31	78
82	9968	23922	222	22	53
83	10228	24409	147	15	36
84	10561	25046	96	10	24
85	11004	25914	62	7	16
86	11623	27164	39	4	11
87	12542	29125	24	3	7
88	14044	32641	14	2	5
89	16849	40773	7	1	3
90	20000	80000	3	1	2

Tabelle 2. Die Grundzahlen zur Berechnung des Wertes der Aktivenrente und der Prämien für die Sterbegeld- und Pensionsversicherung.

Alter x	Zahl der disk. Akt. D^a_x	Summe der disk. Akt. N^a_x	Wert der akt. Rente a^a_x	Summe der disk. akt. Sterbefälle M^a_x	Summe der disk. Invalidisierungen M^J_x	Summe der disk. Ausscheidefälle $\Sigma(C^a_x + C^-_x)$
20	50257	985482	19,609	9760	7171	16931
21	48106	935225	19,441	9319	7161	16480
22	46065	887119	19,258	8917	7149	16066
23	44124	841054	19,061	8549	7134	15683
24	42277	796930	18,850	8211	7117	15328
25	40517	754653	18,626	7899	7098	14997
26	38837	714136	18,388	7610	7077	14687
27	37231	675299	18,138	7341	7054	14395
28	35695	638068	17,876	7089	7028	14117
29	34222	602373	17,602	6852	7000	13852
30	32810	568151	17,316	6625	6972	13597
31	31454	535341	17,020	6408	6942	13350
32	30147	503887	16,714	6200	6907	13107
33	28885	473740	16,401	5995	6869	12864
34	27664	444855	16,080	5795	6826	12621
35	26481	417191	15,754	5597	6776	12373
36	25333	390710	15,423	5401	6719	12120
37	24220	365377	15,086	5205	6659	11864
38	23140	341157	14,743	5011	6592	11603
39	22095	318017	14,393	4817	6523	11340
40	21083	295922	14,036	4625	6451	11076
41	20102	274839	13,672	4434	6373	10807
42	19149	254737	13,303	4247	6288	10535
43	18224	235588	12,927	4060	6198	10258
44	17325	217364	12,546	3874	6100	9974
45	16450	200039	12,160	3689	5996	9685
46	15598	183589	11,770	3505	5885	9390
47	14769	167991	11,374	3320	5769	9089
48	13960	153222	10,976	3136	5642	8778
49	13167	139262	10,577	2954	5503	8457
50	12389	126095	10,178	2770	5354	8124
51	11622	113706	9,784	2588	5189	7777
52	10869	102084	9,392	2408	5009	7417
53	10131	91215	9,003	2331	4815	7046
54	9411	81084	8,616	2056	4612	6668

NB. Der Zinsfuß ist in den Tab. 2—8 und in Tab. 10: 3½%, in Tab. 9: 3%.

Tabelle 2 (Fortsetzung).

Alter x	Zahl der disk. Akt. D_x^a	Summe der disk. Akt. N_x^a	Wert der akt. Rente a_x^a	Summe der disk. akt. Sterbefälle M_x^a	Summe der disk. Invalidisierungen M_x^J	Summe der disk. Ausscheidefälle $\Sigma(C_x^a+C_x^J)$
55	8709	71673	8,230	1889	4396	6285
56	8027	62964	7,844	1728	4170	5898
57	7363	54937	7,461	1572	3933	5505
58	6717	47574	7,083	1424	3684	5108
59	6083	40857	6,717	1282	3420	4702
60	5464	34774	6,364	1144	3144	4288
61	4859	29310	6,032	1011	2857	3868
62	4279	24451	5,714	885	2567	3452
63	3723	20172	5,418	764	2276	3040
64	3199	16449	5,142	652	1991	2643
65	2715	13250	4,880	548	1719	2267
66	2275	10535	4,631	456	1463	1919
67	1878	8260	4,398	374	1225	1599
68	1526	6382	4,182	304	1006	1310
69	1220	4856	3,980	243	813	1056
70	958,2	3635,7	3,794	193,6	641,7	835,3
71	738,7	2677,5	3,625	152,5	495,6	648,1
72	557,9	1938,8	3,475	118,7	373,7	492,4
73	412,3	1380,9	3,349	90,9	274,7	365,6
74	299,1	968,6	3,238	68,4	198,0	266,4
75	213,2	669,5	3,140	50,3	140,3	190,6
76	149,5	456,3	3,052	36,2	97,9	134,1
77	103,2	306,8	2,973	25,6	67,3	92,9
78	70,2	203,6	2,900	17,8	45,6	63,4
79	47,1	133,4	2,832	12,2	30,5	42,7
80	31,19	86,25	2,765	8,19	20,13	28,32
81	20,40	55,06	2,699	5,42	13,16	18,58
82	13,22	34,66	2,622	3,57	8,52	12,09
83	8,40	21,44	2,552	2,25	5,47	7,72
84	5,34	13,04	2,442	1,42	3,47	4,89
85	3,33	7,70	2,312	0,88	2,18	3,06
86	2,03	4,37	2,153	0,52	1,35	1,87
87	1,20	2,34	1,950	0,32	0,80	1,12
88	0,68	1,14	1,676	0,18	0,46	0,64
89	0,32	0,46	1,438	0,08	0,23	0,31
90	0,14	0,14	1,000	0,04	0,09	0,13

Tabelle 3.

Die Invalidensterbetafel von Dr. H. Bentzien (Gesamtpersonal). Grundzahlen und Rentenwerte.

Alter	W. im nächsten Jahre zu sterben	Zahl der Lebenden	Diskontierte Zahl der Lebenden	Summe der disk. Zahlen d. Lebenden	Vorschüssiger Rentenwert bei jährl. Zahlung	Vorschüssiger Rentenwert bei monatl. Zahlung
x	$q_x^i \cdot 10^4$	l_x^i	D_x^i	N_x^i	a_x^i	${}^{(12)}a_x^i$
20	1044	102581	51554	464263	9,01	8,55
21	1005	91872	44610	412709	9,25	8,79
22	966	82639	38770	368099	9,49	9,03
23	927	74656	33840	329329	9,73	9,27
24	888	67735	29665	295489	9,96	9,50
25	849	61720	26117	265824	10,18	9,72
26	810	56482	23092	239707	10,38	9,92
27	769	51907	20504	216615	10,56	10,10
28	729	47915	18287	196111	10,72	10,26
29	691	44424	16381	177824	10,86	10,40
30	667	41354	14734	161443	10,96	10,50
31	652	38596	13286	146709	11,04	10,58
32	642	36081	12000	133423	11,12	10,66
33	633	33763	10849	121423	11,19	10,73
34	624	31625	9819	110574	11,26	10,80
35	616	29652	8895	100755	11,33	10,87
36	605	27824	8064	91860	11,39	10,93
37	593	26140	7320	83796	11,45	10,99
38	578	24589	6653	76476	11,50	11,04
39	572	23167	6056	69823	11,53	11,07
40	558	21843	5517	63767	11,56	11,10
41	551	20624	5033	58250	11,57	11,11
42	544	19488	4595	53217	11,58	11,12
43	536	18428	4198	48622	11,58	11,12
44	524	17440	3839	44424	11,57	11,11
45	516	16527	3515	40585	11,55	11,09
46	507	15675	3221	37070	11,51	11,05
47	495	14880	2954	33849	11,46	11,00
48	493	14143	2713	30895	11,39	10,93
49	492	13446	2492	28182	11,31	10,85

Tabelle 3 (Fortsetzung).

Alter	W. im nächsten Jahre zu sterben	Zahl der Lebenden	Diskontierte Zahl der Lebenden	Summe der disk. Zahlen d. Lebenden	Vorschüssiger Rentenwert bei jährl. Zahlung	Vorschüssiger Rentenwert bei monatl. Zahlung
x	$q_x^i \cdot 10^4$	l_x^i	D_x^i	N_x^i	a_x^i	${}^{(12)}a_x^i$
50	490	12784	2289	25690	11,22	10,76
51	484	12158	2103	23401	11,13	10,67
52	483	11570	1934	21298	11,01	10,55
53	474	11011	1778	19364	10,89	10,43
54	471	10489	1637	17586	10,74	10,28
55	470	9995	1507	15949	10,58	10,12
56	470	9525	1387	14442	10,41	9,95
57	472	9077	1277	13055	10,22	9,76
58	479	8649	1176	11778	10,02	9,56
59	486	8235	1082	10602	9,80	9,34
60	498	7835	994,5	9520,4	9,57	9,11
61	509	7445	913,1	8525,9	9,34	8,88
62	531	7066	837,3	7612,8	9,09	8,63
63	550	6691	766,0	6775,5	8,84	8,38
64	574	6323	699,4	6009,5	8,59	8,13
65	594	5960	637,0	5310,1	8,34	7,88
66	619	5606	578,9	4673,1	8,07	7,61
67	641	5259	524,7	4094,2	7,80	7,34
68	672	4922	474,5	3569,5	7,52	7,06
69	712	4591	427,6	3095,0	7,24	6,78
70	755	4264	383,7	2667,4	6,95	6,49
71	807	3942	342,6	2283,7	6,66	6,20
72	864	3624	304,4	1941,1	6,38	5,92
73	942	3311	268,7	1636,7	6,09	5,63
74	1014	2999	235,2	1368,0	5,82	5,36
75	1098	2695	204,2	1132,8	5,55	5,08
76	1192	2399	175,6	928,6	5,29	4,83
77	1292	2113	149,5	753,0	5,04	4,58
78	1391	1840	125,7	603,5	4,80	4,34
79	1503	1584	104,6	477,8	4,57	4,11

Tabelle 3 (Fortsetzung).

Alter	W. im nächsten Jahre zu sterben	Zahl der Lebenden	Diskontierte Zahl der Lebenden	Summe der disk. Zahlen d. Lebenden	Vorschüssiger Rentenwert bei jährl. Zahlung	Vorschüssiger Rentenwert bei monatl. Zahlung
x	$q_x^i \cdot 10^4$	l_x^i	D_x^i	N_x^i	a_x^i	$^{(12)}a_x^i$
80	1634	1346	85,9	373,2	4,35	3,89
81	1741	1126	69,4	287,3	4,14	3,68
82	1892	930	55,4	217,9	3,93	3,47
83	2035	754	43,4	162,5	3,75	3,29
84	2163	601	33,4	119,1	3,57	3,11
85	2314	471	25,3	85,7	3,39	2,93
86	2459	362	18,8	60,4	3,22	2,76
87	2601	273	13,7	41,6	3,04	2,58
88	2772	202	9,79	27,95	2,86	2,40
89	2993	146	6,83	18,16	2,66	2,20
90	3258	102	4,61	11,33	2,46	2,00
91	3585	69	3,02	6,72	2,23	1,77
92	4008	44	1,86	3,70	1,99	1,53
93	4596	26	1,06	1,84	1,74	1,28
94	5548	14	0,55	0,78	1,42	0,96
95	10000	6	0,23	0,23	1,00	0,54

Tabelle 4. Die Grundzahlen zur Berechnung des Wertes der Anwartschaft eines Aktiven auf gleichbleibende und steigende Invalidenrente.

Alter x	${}^{(12)}D_x^{ai} = v^{x+\frac{1}{2}} \cdot J_x \cdot {}^{(12)}a_{x+\frac{1}{2}}^{i}$	$\Sigma\, {}^{(12)}D_x^{ai} = {}^{(12)}N_x^{ai}$	$\Sigma\Sigma\, {}^{(12)}D_x^{ai} = {}^{(12)}S_x^{ai}$	Wert der Anwartschaft ${}^{(12)}a_x^{ai}$
20	90	66415	2234090	1,32
21	109	66325	2267675	1,38
22	137	66216	2201351	1,44
23	163	66079	2135135	1,50
24	188	65916	2069056	1,56
25	211	65728	2003140	1,62
26	237	65517	1937412	1,69
27	264	65280	1871895	1,75
28	290	65016	1806615	1,82
29	299	64726	1741599	1,89
30	326	64427	1676873	1,96
31	371	64101	1612446	2,04
32	415	63730	1548345	2,11
33	477	63315	1484615	2,19
34	551	62838	1421300	2,27
35	624	62287	1358462	2,35
36	676	61663	1296175	2,43
37	739	60987	1234512	2,52
38	779	60248	1173525	2,60
39	820	59569	1113277	2,70
40	879	58649	1053808	2,78
41	960	57770	995159	2,87
42	1021	56810	937389	2,97
43	1103	55789	880579	3,06
44	1183	54686	824790	3,16
45	1249	53503	770104	3,25
46	1303	52254	716601	3,35
47	1411	50951	664347	3,45
48	1532	49540	613396	3,55
49	1647	48008	563856	3,65
50	1793	46361	515848	3,74
51	1950	44568	469487	3,84
52	2060	42618	424919	3,92
53	2139	40558	382301	4,00
54	2239	38419	341743	4,08

Tabelle 4 (Fortsetzung).

Alter x	${}^{(12)}D_x^{ai} = v^{x+\frac{1}{2}} \cdot J_x \cdot {}^{(12)}a_{x+\frac{1}{2}}^{i}$	$\Sigma\,{}^{(12)}D_x^{ai} = {}^{(12)}N_x^{ai}$	$\Sigma\Sigma\,{}^{(12)}D_x^{ai} = {}^{(12)}S_x^{ai}$	Wert der Anwartschaft ${}^{(12)}a_x^{ai}$
55	2308	36180	303324	4,15
56	2378	33872	267144	4,22
57	2450	31494	233272	4,28
58	2532	29044	201778	4,32
59	2589	26512	172734	4,36
60	2629	23923	146222	4,38
61	2581	21294	122299	4,38
62	2518	18713	101005	4,37
63	2390	16195	82292	4,35
64	2218	13805	66097	4,32
65	2014	11587	52292	4,27
66	1813	9573	40705	4,21
67	1596	7759	31132	4,13
68	1366	6163	23373	4,04
69	1151	4797	17210	3,93
70	943	3646	12413	3,81
71	751	2703	8767	3,66
72	582	1952	6064	3,50
73	428	1370	4112	3,32
74	306,4	941,9	2741,5	3,15
75	214,0	635,5	1799,6	2,98
76	146,4	421,5	1164,1	2,82
77	98,2	275,1	742,6	2,67
78	64,7	176,9	467,5	2,52
79	41,9	112,2	290,6	2,38
80	26,9	70,3	178,4	2,25
81	16,83	43,40	108,10	2,13
82	10,50	26,57	64,70	2,01
83	6,44	16,07	38,13	1,91
84	3,95	9,63	22,06	1,81*)
85	2,41	5,68	12,43	1,71
86	1,44	3,27	6,75	1,62
87	0,86	1,83	3,48	1,53
88	0,49	0,97	1,65	1,45
89	0,28	0,48	0,68	1,44
90	0,20	0,20	0,20	1,43

*) Die Werte ab 84 sind einer genaueren Berechnung entnommen.

Tabelle 5. Die Frauensterbetafel,

Grundzahlen zur Berechnung des Wertes der Witwenrente; Wert der Anwartschaft eines Invaliden auf Witwenrente.

Alter $y\,(x)$	Lebende l_y	Diskontierte Lebende D_y	Summe der diskontierten Lebenden $N_y = \Sigma D_y$	Rentenwert (monatlich) ${}^{(12)}a_y$	Wert der Anwartschaft ${}^{(12)}a_x^{iw}$
20	62324	31322	648406	20,24	4,28
21	61941	30077	617084	20,06	4,94
22	61534	28869	587007	19,88	5,65
23	61102	27697	558138	19,69	6,39
24	60648	26561	530441	19,51	7,09
25	60174	25462	503880	19,33	7,72
26	59680	24399	478418	19,15	8,24
27	59170	23373	454019	18,97	8,62
28	58647	22383	430646	18,78	8,86
29	58111	21428	408263	18,59	9,00
30	57566	20510	386835	18,40	9,06
31	57010	19625	366325	18,21	9,05
32	56445	18773	346700	18,01	9,01
33	55869	17953	327927	17,81	8,93
34	55282	17164	309974	17,60	8,83
35	54685	16404	292810	17,39	8,71
36	54078	15674	276406	17,18	8,57
37	53462	14971	260732	16,96	8,41
38	52837	14296	245761	16,73	8,25
39	52207	13648	231465	16,50	8,05
40	51576	13027	217817	16,26	7,91
41	50946	12432	204790	16,01	7,75
42	50320	11864	192358	15,75	7,58
43	49701	11322	180494	15,48	7,40
44	49090	10805	169172	15,20	7,23
45	48481	10310	158367	14,90	7,07
46	47870	9836	148057	14,59	6,91
47	47248	9380	138221	14,28	6,76
48	46605	8939	128841	13,95	6,60
49	45939	8513	119902	13,63	6,45

Tabelle 5 (Fortsetzung).

Alter $y\,(x)$	Lebende l_y	Diskontierte Lebende D_y	Summe der diskontierten Lebenden $N_y = \Sigma D_y$	Rentenwert (monatlich) ${}^{(12)}a_y$	Wert der Anwartschaft ${}^{(12)}a_x^{iw}$
50	45245	8101	111389	13,29	6,29
51	44521	7702	103288	12,95	6,14
52	43767	7316	95586	12,61	6,00
53	42981	6941	88270	12,26	5,86
54	42162	6579	81329	11,90	5,73
55	41308	6228	74750	11,54	5,62
56	40414	5887	68522	11,18	5,49
57	39472	5555	62635	10,82	5,37
58	38476	5232	57080	10,45	5,27
59	37418	4916	51848	10,09	5,16
60	36392	4607	46932	9,73	5,07
61	35101	4305	42325	9,37	4,96
62	33843	4010	38020	9,02	4,86
63	32521	3723	34010	8,68	4,76
64	31140	3445	30287	8,33	4,66
65	29703	3175	26842	8,00	4,57
66	28217	2914	23667	7,66	4,48
67	26686	2662	20753	7,34	4,40
68	25118	2421	18091	7,01	4,30
69	23521	2191	15670	6,69	4,21
70	21901	1971	13479	6,38	4,10
71	20265	1762	11508	6,07	4,00
72	18617	1564	9746	5,77	3,87
73	16960	1377	8182	5,49	3,74
74	15307	1200	6805	5,21	3,61
75	13677	1036	5605	4,95	3,48
76	12090	885	4569	4,70	3,34
77	10569	748	3648	4,47	3,21
78	9131	624	2936	4,25	3,08
79	7795	515	2312	4,03	2,96

Tabelle 5 (Fortsetzung).

Alter $y\ (x)$	Lebende l_y	Diskontierte Lebende D_y	Summe der diskontierten Lebenden $N_y = \Sigma D_y$	Rentenwert (monatlich) ${}^{(12)}a_y$	Wert der Anwartschaft ${}^{(12)}a_x^{iw}$
80	6570	419	1797	3,83	2,82
81	5464	337	1378	3,65	2,68
82	4479	267	1041	3,45	2,52
83	3614	208	774	3,27	2,36
84	2867	160	566	3,10	2,18
85	2232	120	406	2,94	2,01
86	1705	88	286	2,79	1,82
87	1276	64	198	2,66	1,63
88	935	45	134	2,53	1,44
89	671	31	89	2,41	1,26
90	471	21	58	2,30	1,06
91	233	14	37	2,19	0,88
92	217	9	23	2,08	0,70
93	142	6	14	1,98	0,51
94	90	4	8	1,87	0,33
95	56	2	4	1,78	0,16
96	34	1	2	1,65	—
97	20	0,7	1,4	1,48	—
98	11	0,4	0,7	1,31	—
99	6	0,2	0,3	1,03	—
100	3	0,1	0,1	0,54	—

Tabelle 6. Die Grundzahlen zur Berechnung des Wertes der Anwartschaft eines Aktiven auf Witwenrente.

Alter x	Diskontierte Aktive D_x^a	${}^{(12)}D_x^{aw}$	$\Sigma\,{}^{(12)}D_x^{aw} = {}^{(12)}N_x^{aw}$	$\Sigma\Sigma\,{}^{(12)}D_x^{aw} = {}^{(12)}S_x^{aw}$
20	50257	93	142996	3838024
21	48106	203	142903	3695029
22	46065	413	142700	3552126
23	44124	771	142287	3409426
24	42277	1223	141516	3267139
25	40517	1702	140293	3125623
26	38837	2212	138591	2985330
27	37231	2653	136379	2846739
28	35695	2946	133726	2710360
29	34222	3142	130780	2576634
30	32810	3284	127638	2445854
31	31454	3348	124354	2318216
32	30147	3436	121006	2193862
33	28885	3478	117570	2072856
34	27664	3537	114092	1955286
35	26481	3589	110555	1841194
36	25333	3652	106966	1730639
37	24220	3656	103314	1623673
38	23140	3656	99658	1520359
39	22095	3627	96002	1420701
40	21083	3621	92375	1324699
41	20102	3582	88754	1232324
42	19149	3574	85172	1143570
43	18224	3559	81598	1058398
44	17325	3539	78039	976800
45	16450	3508	74500	898761
46	15598	3497	70992	824261
47	14769	3536	67495	753269
48	13960	3526	63959	685774
49	13167	3539	60433	621815
50	12389	3539	56894	561382
51	11622	3522	53355	504488
52	10869	3484	49833	451133
53	10131	3420	46549	401300
54	9411	3317	42929	354951

Tabelle 6 (Fortsetzung).

Alter x	Diskontierte Aktive D_x^a	${}^{(12)}D_x^{aw}$	$\Sigma\,{}^{(12)}D_x^{aw} = {}^{(12)}N_x^{aw}$	$\Sigma\Sigma\,{}^{(12)}D_x^{aw} = {}^{(12)}S_x^{aw}$
55	8709	3265	39612	312022
56	8027	3169	36347	272410
57	7363	3060	33178	236063
58	6717	2990	30118	202885
59	6083	2914	27128	172767
60	5464	2876	24214	145639
61	4859	2746	21339	121425
62	4279	2614	18593	100086
63	3723	2430	15979	81493
64	3199	2219	13549	65514
65	2715	1975	11330	51965
66	2275	1751	9355	40635
67	1878	1540	7604	31208
68	1526	1312	6064	23676
69	1220	1105	4752	17612
70	958,2	902	3647	12860
71	738,7	731	2745	9213
72	557,9	572	2014	6468
73	412,3	431	1442	4454
74	299,1	317	1011	3012
75	213,2	227	694	2001
76	149,5	158	467	1307
77	103,2	108	309	840
78	70,2	72,3	201	531
79	47,1	48,2	129	330
80	31,19	30,9	80,8	201,5
81	20,40	19,8	49,9	120,7
82	13,22	12,2	30,1	70,8
83	8,40	7,46	17,88	40,73
84	5,34	4,46	10,42	22,85
85	3,33	2,67	5,96	12,43
86	2,03	1,53	3,29	6,47
87	1,20	0,882	1,76	3,18
88	0,68	0,485	0,881	1,421
89	0,32	0,252	0,396	0,540
90	0,14	0,144	0,144	0,144

Tabelle 7. Zur selbständigen Witwenversicherung (vgl. S.157).

1. Die Anwartschaft eines verheirateten Invaliden (x) auf Witwenrente für seine Frau ($y = x - \Delta$) hat den Wert:

$$\mathbf{a}^i_{x|y} = \frac{v^{-\frac{1}{2}} \Sigma \left(C^i_x \cdot l_{y+1} \cdot \mathbf{a}_{y+\frac{1}{2}}\right)}{D^i_x \cdot l_y}$$

für $\Delta = -10, -5, 0, +5, +10, +15, +20$.

x	$\Delta=-10$	$\Delta=-5$	$\Delta=0$	$\Delta=+5$	$\Delta=+10$	$\Delta=+15$	$\Delta=+20$
25	9,23	10,08	10,87	11,64	—	—	—
30	7,66	8,56	9,39	10,16	10,92	—	—
35	6,32	7,32	8,21	9,03	9,81	10,79	—
40	4,98	6,04	7,04	7,94	8,77	9,55	10,31
45	3,79	4,84	5,91	6,93	7,84	8,70	9,49
50	2,81	3,79	4,88	6,00	7,06	8,01	8,89
55	2,05	2,93	3,98	5,14	6,34	7,46	8,46
60	1,52	2,30	3,28	4,46	5,74	7,04	8,23
65	1,15	1,81	2,72	3,86	5,18	6,60	7,99
70	0,91	1,45	2,27	3,34	4,65	6,14	7,67

2. Die Anwartschaft eines verheirateten Aktiven (x) auf Witwenrente für seine Frau ($y = x - \Delta$) hat den Wert:

$$\mathbf{a}^a_{x|y} = \frac{v^{-\frac{1}{2}} \Sigma \left\{C^a_x \cdot l_{y+1} \cdot \mathbf{a}_{y+\frac{1}{2}} + C^J_x \, \mathbf{a}^i_{x|y}\right\}}{D^a_x \cdot l_y}$$

für $\Delta = -10, -5, 0, +5, +10, +15, +20$.

x	$\Delta=-10$	$\Delta=-5$	$\Delta=0$	$\Delta=+5$	$\Delta=+10$	$\Delta=+15$	$\Delta=+20$
25	2,32	2,76	3,22	3,69	—	—	—
30	2,28	2,78	3,30	3,84	4,37	—	—
35	2,24	2,83	3,43	4,04	4,65	5,24	—
40	2,14	2,80	3,49	4,19	4,89	5,57	6,21
45	1,99	2,69	3,48	4,29	5,10	5,88	6,61
50	1,81	2,54	3,38	4,32	5,26	6,16	7,00
55	1,59	2,32	3,20	4,21	5,28	6,34	7,32
60	1,36	2,06	2,93	3,99	5,16	6,37	7,52
65	1,14	1,76	2,61	3,66	4,89	6,22	7,54
70	0,95	1,48	2,26	3,27	4,51	5,90	7,35

Tabelle 8.

Die Kindersterbetafel zur Berechnung des Wertes der Waisenrente.

Alter z	Lebende l_z	Diskontierte Lebende D_z	Summe der Lebenden $N_z = \Sigma D_z$	Rentenwert $^{(12)}a_z$
0	200000	200000	1870348	9,04
1	152987	147814	1670348	11,04
2	143156	133638	1522534	11,16
3	138449	124874	1388896	10,90
4	135292	117900	1264022	10,52
5	132997	111980	1146122	10,05
6	131277	106794	1034142	9,51
7	129941	102132	927348	8,92
8	128884	97876	825216	8,28
9	128030	93940	727340	7,61
10	127326	90264	633400	6,89
11	126726	86801	543136	6,15
12	126196	83515	456335	5,37
13	125710	80379	372820	4,56
14	125244	77373	292441	3,71
15	124770	74474	215068	2,84
16	124266	71665	140594	1,93
17	123705	68929	68929	0,98

NB.: $l_{18} = 123076$
$D_{18} = 66360$.

Tabelle 9 (3%!) (vgl. S. 163).

Die Werte der Anwartschaften

eines Invaliden auf gleichbleibende }
„ Aktiven „ „ } Waisenrente.
„ „ „ steigende }

Alter x	${}^{(12)}a_x^{ik}$	${}^{(12)}a_x^{ak}$	${}^{(12)}a^{ak}_{\underset{<}{x}}$	Alter x	${}^{(12)}a_x^{ik}$	${}^{(12)}a_x^{ak}$	${}^{(12)}a^{ak}_{\underset{<}{x}}$
20	0,34	2,11	50,32	45	7,39	2,20	17,23
21	0,61	2,20	50,14	46	6,73	2,08	15,77
22	1,04	2,28	49,83	47	5,91	1,94	14,38
23	1,66	2,37	49,40	48	5,28	1,82	13,08
24	2,56	2,46	48,83	49	4,74	1,70	11,86
25	3,79	2,55	48,11	50	4,14	1,57	10,73
26	5,25	2,63	47,26	51	3,65	1,45	9,69
27	6,78	2,72	46,28	52	3,06	1,31	8,73
28	8,29	2,79	45,16	53	2,55	1,19	7,88
29	9,61	2,86	43,91	54	2,22	1,10	7,13
30	10,67	2,91	42,54	55	1,95	1,02	6,45
31	11,51	2,95	41,07	56	1,69	0,94	5,82
32	12,00	2,98	39,52	57	1,51	0,88	5,25
33	12,38	3,00	37,89	58	1,31	0,81	4,72
34	12,68	3,01	36,21	59	1,18	0,77	4,23
35	12,85	3,00	34,47	60	1,13	0,73	3,78
36	12,64	2,97	32,69	61	1,03	0,69	3,34
37	12,52	2,94	30,90	62	0,98	0,67	2,93
38	12,03	2,89	29,09	63	0,92	0,63	2,52
39	11,55	2,82	27,29	64	0,82	0,57	2,12
40	11,08	2,75	25,51	65	0,72	0,52	1,74
41	10,47	2,66	23,76	66	0,64	0,47	1,40
42	9,73	2,55	22,04	67	0,56	0,42	1,08
43	8,87	2,43	20,37	68	0,50	0,37	0,77
44	8,09	2,32	18,77	69	0,46	0,33	0,48

Tabelle 10. Sterbetafe

Diskontierte Lebende und Tote

Alter: x, diskontierte Lebende: D_x, deren Summen
diskontierte Tote: C_x, deren Summen

Alter	Diskontierte Lebende	Summe der diskontierten Lebenden	Doppelsumme der diskontierten Lebenden	Diskontierte Tote	Summe der diskontierten Toten	Doppelsumme der diskontierten Toten
x	D_x	$N_x = \Sigma D_x$	$S_x = \Sigma N_x = \Sigma\Sigma D_x$	C_x	$M_x = \Sigma C_x$	$R_x = \Sigma M_x = \Sigma\Sigma C_x$
20	50257	1031102	17547519	446	15388	437703
21	48111	980845	16516417	426	14942	422315
22	46058	932734	15535572	402	14516	407373
23	44098	886676	14602838	377	14114	392857
24	42230	842578	13716162	353	13737	378743
25	40449	800348	12873584	334	13384	365006
26	38747	759899	12073236	318	13050	351622
27	37119	721152	11313337	304	12732	338572
28	35560	684033	10592185	293	12428	325840
29	34064	648473	9908152	285	12135	313412
30	32627	614409	9259679	278	11850	301277
31	31246	581782	8645270	272	11572	289427
32	29917	550536	8063488	267	11300	277855
33	28638	520619	7512952	261	11033	266555
34	27409	491981	6992333	257	10772	255522
35	26225	464572	6500352	253	10515	244750
36	25085	438347	6035780	249	10262	234235
37	23988	413262	5597433	245	10013	223973
38	22932	389274	5184171	243	9768	213960
39	21914	366342	4794897	240	9525	204192
40	20933	344428	4428555	238	9285	194667
41	19987	323495	4084127	237	9047	185382
42	19074	303508	3760632	236	8810	176335
43	18193	284434	3457124	234	8574	167525
44	17344	266241	3172690	232	8340	158951
45	16525	248897	2906449	229	8108	150611
46	15737	232372	2657552	227	7879	142503
47	14978	216635	2425180	224	7652	134624
48	14248	201657	2208545	223	7428	126972
49	13543	187409	2006888	223	7205	119544
50	12862	173866	1819479	225	6982	112339
51	12201	161004	1645613	228	6757	105357
52	11561	148803	1484609	230	6529	98600
53	10940	137242	1335806	233	6299	92071
54	10337	126302	1198564	234	6066	85772

MWI $3^1/_2\%$.
deren Summen und deren Doppelsummen.
$N_x = \sum D_x$, deren Doppelsummen: $S_x = \sum\sum D_x$,
$M_x = \sum C_x$, deren Doppelsummen: $R_x = \sum\sum C_x$.

Alter	Diskontierte Lebende	Summe der diskontierten Lebenden	Doppelsumme der diskontierten Lebenden	Diskontierte Tote	Summe der diskontierten Toten	Doppelsumme der diskontierten Toten
x	D_x	$N_x = \Sigma D_x$	$S_x = \Sigma N_x = \Sigma\Sigma D_x$	C_x	$M_x = \Sigma C_x$	$R_x = \Sigma M_x = \Sigma\Sigma C_x$
55	9753	115965	1072262	236	5832	79706
56	9187	106212	956297	238	5596	73874
57	8639	97025	850085	240	5358	68278
58	8107	88386	753060	240	5118	62920
59	7593	80279	664674	241	4878	57802
60	7095	72686	584395	243	4637	52924
61	6612	65591	511709	241	4394	48287
62	6147	58979	446118	240	4153	43893
63	5699	52832	387139	238	3913	39740
64	5269	47133	334307	235	3675	35827
65	4856	41864	287174	232	3440	32152
66	4460	37008	245310	229	3208	28712
67	4079	32548	208302	227	2979	25504
68	3714	28469	175754	224	2752	22525
69	3365	24755	147285	219	2528	19773
70	3033	21390	122530	213	2309	17245
71	2717	18357	101140	206	2096	14936
72	2419	15640	82783	198	1890	12840
73	2139	13221	67143	189	1692	10950
74	1878	11082	53922	178	1503	9258
75	1636	9204	42840	169	1325	7755
76	1412	7568	33636	156	1156	6430
77	1208	6156	26068	144	1000	5274
78	1024	4948	19912	131	856	4274
79	858	3924	14964	117	725	3418
80	711	3066	11040	107	608	2693
81	581	2355	7974	95	501	2085
82	466	1774	5619	83	406	1584
83	367	1308	3845	71	323	1178
84	284	941	2537	58	252	855
85	217	657	1596	46	194	603
86	163	440	939	36	148	409
87	121	277	499	27	112	261
88	90	156	222	21	85	149
89	66	66	66	64	64	64

Gesamt-Verzeichnis

SAMMLUNG GÖSCHEN

Jeder Band DM 2,40

Naturwissenschaften und Technik

Mathematik

Geschichte der Mathematik. Von J. E. Hofman. I.: Von den Anfängen bis zum Auftreten von Fermat und Descartes. 199 S. 1952 . . . . Bd. 226

Mathematische Formelsammlung. Von F. Ringleb. 5., verbesserte Aufl. Mit 57 Fig. 274 S. 1949 . . . . Bd. 51

Formelsammlung zur praktischen Mathematik. Von G. Schulz. Durchgesehener Neudruck. Mit 10 Abb. 147 S. 1945 . . . . Bd. 1110

Fünfstellige Logarithmen. Mit mehreren graphischen Rechentafeln und häufig vorkommenden Zahlwerten. Von A. Adler. 2. Aufl. Neudruck. Mit 1 Tafel. 127 S. 1949 Bd. 423

Einführung in die Zahlentheorie. Von A. Scholz. 2. Aufl. 136 S. In Vorbereitung . . . . Bd. 1131

Arithmetik, Von P. B. Fischer. 2. Aufl. Neudruck. Mit 19 Abb. 152 S. 1951. In Vorbereitung . . . . Bd. 47

Elementare und klassische Algebra vom modernen Standpunkt. Von W. Krull. 2., erweiterte Aufl. I.: 136 S. 1952 Bd. 930

Höhere Algebra. Von H. Hasse. I.: Lineare Gleichungen. 3., verbess. Aufl. 152 S. 1951 . . . . Bd. 931

II.: Gleichungen höheren Grades. 3., verbess. Aufl. 5 Fig. 158 S. 1951 . . . . Bd. 932

Aufgabensammlung zur höheren Algebra. Von H. Hasse und W. Klobe. 2., vermehrte u. verbesserte Aufl. 1952 Bd. 1082

Determinanten. Von P. B. Fischer. 4., umgearb. Aufl. Neudruck. 116 S. 1952. In Vorbereitung . . . . Bd. 402

Gruppentheorie. Von L. Baumgartner. 2. Aufl. Mit 6 Fig. 115 S. 1949 . . . . Bd. 837

Mengenlehre. Von E. Kamke. 3. Aufl. Mit 6 Fig. 160 S. 1952. In Vorbereitung . . . . Bd. 999

Elemente der Funktionentheorie. Von K. Knopp. 3. Aufl. Mit 23 Fig. 144 S. 1949 . . . . Bd. 1109

Funktionentheorie. Von K. Knopp. I.: Grundlagen der allgemeinen Theorie der analytischen Funktion. 7. Aufl. Mit 8 Fig. 139 S. 1949 . . . . Bd. 668

II.: Anwendungen und Weiterführung der allgemeinen Theorie. 7. Aufl. Mit 7 Fig. 130 S. 1949 . . . . Bd. 703

Maßanalyse. Theorie und Praxis d. klass. und der elektrochem. Titrierverf. Von G. Jander. I.: 6. Aufl. mit 18 Fig. 140 S. 1953 . . . . Bd. 221
II.: 6. Aufl. mit 24 Fig. 139 S. 1953 . . . . Bd. 1002

Aufgabensammlung zur Funktionentheorie. Von K. Knopp. I.: Aufgaben zur elementaren Funktionentheorie. 4. Aufl. 135 S. 1949 . . . . Bd. 877
II.: Aufgaben zur höheren Funktionentheorie. 4. Aufl. 151 S. 1949 . . . . Bd. 878

Gewöhnliche Differentialgleichungen. Von G. Hoheisel. 4., neubearbeitete Aufl. 129 S. 1951 . . . . Bd. 920

Partielle Differentialgleichungen. Von G. Hoheisel. 3., neubearb. Aufl. 130 S. 1952. In Vorbereitung . . . . . . Bd. 1003

Aufgabensammlung zu den gewöhnlichen und partiellen Differentialgleichungen. Von G. Hoheisel. 2., umgearb. Luf.. 124 S. 1952 . . . . Bd. 1059

Differentialrechnung. Von A. Witting. 3., neubearb. Aufl. Durchgesehener Neudruck. Mit 95 Fig. und 200 Beispielen. 201 S. 1949 . . . . Bd. 87

Repetitorium und Aufgabensammlung zur Differentialrechnung. Von A. Witting. 2. Aufl. Neudruck. 122 S. 1949 . . . . Bd. 146

Integralrechnung. Von A. Witting. 2. verbesserte Aufl. Durchgesehener Neudruck. Mit 62 Fig. und 190 Beispielen. 176 S. 1949 . . . . Bd. 88

Repetitorium und Aufgabensammlung zur Integralrechnung. Von A. Witting. 2. Aufl. Neudruck. 121 S. 1949 . . . Bd. 147

Einführung in die konforme Abbildung. Von L. Bieberbach. 4. Aufl. Mit 42 Zeichnungen. 147 S. 1949 . . . . Bd. 768

Darstellende Geometrie. Von R. Haussner. 1. Teil: Elemente, ebenflächige Gebilde. 6., unveränderte Aufl. Mit 110 Fig. 207 S. 1947 . . . . Bd. 142
2. Teil: Perspektive ebener Gebilde, Kegelschnitte. 5., unveränderte Aufl. Mit 88 Fig. 168 S. 1947 . . . . . Bd. 143

Sammlung von Aufgaben und Beispielen zur analytischen Geometrie der Ebene. Von R. Haussner. Neudruck. Mit 22 Fig. 139 S. 1949 . . . . Bd. 256

Ebene und sphärische Trigonometrie. Von G. Hessenberg. 4. Aufl., Neudruck. 1952 . . . . Bd. 99

Nichteuklidische Geometrie. Hyperbolische Geometrie der Ebene. Von R. Baldus. 3., verbess. Aufl. durchges. von F. Löbell. Mit 70 Fig. 140 S. 1952. In Vorbereitung. . Bd. 970

Vermessungskunde. Von P. Werkmeister. I.: Stückmessung und Nivellieren. 9. Aufl. Mit 145 Fig. 172 S. 1949 . . Bd. 468
II.: Messung von Horizontalwinkeln. Festlegung von Punkten im Koordinatensystem. Absteckungen. 7. Aufl. Mit 63 Fig. 151 S. 1949 . . . . Bd. 469
III.: Trigonometrische und barometrische Höhenmessung Tachymetrie und Topographie. 6. Aufl. Mit 64 Fig. 147 S. 1949 . . . . Bd. 862

Vektoranalysis. Von S. Valentiner. 7., wesentlich veränderte Aufl. Mit 19 Fig. 138 S. 1950 . . . . Bd. 354

Versicherungsmathematik. Von F. Böhm. I.: Elemente d. Versicherungsrechnung, 2. verm. u. verb. Aufl. 149 S. Neudruck 1953 . . . . Bd. 180
II.: Lebensversicherungsmathematik, Einführung in die technischen Grundlagen der Sozialversicherung. 2. verm. u. verb. Aufl. 205 S. 1953 . . . . Bd. 917/17a

Physik / Chemie / Allgemeine, anorganische, organische und experimentelle Chemie / Elektrochemie / Technologie

Physikalische Formelsammlung. Von G. u. K. Mahler. 8., verbesserte Aufl. Mit 69 Fig. 153 S. 1950 . . . . . Bd. 136

Physikalische Aufgabensammlung. Von G. u. K. Mahler. Mit den Ergebnissen. 7., verbess. Aufl. 127 S. 1952 . Bd. 243

Differentialgleichungen der Physik. Von E. Sauter. 2. Aufl. Mit 16 Fig. 148 S. 1950 . . . . Bd. 1070

Einführung in die Kristalloptik. Von E. Buchwald. 4., verbess. Aufl. Mit 121 Fig. 138 S. 1952 . . . . Bd. 619

Geschichte der Chemie. Von G. Lockemann. Bd. I: Vom Altertum bis zur Entdeckung des Sauerstoffs. Mit 8 Bildnissen. 142 S. 1950 . . . . Bd. 264

Allgemeine und physikalische Chemie. Von W. Schulze.
I. Teil: 3., durchgesehene Aufl. Mit 22 Fig. 146 S. 1949 Bd. 71
II. Teil: 3., durchgesehene Aufl. Mit 36 Fig. 160 S., 1949 Bd. 698

Physikalisch-Chemische Rechenaufgaben. Von E. Asmus. 2. Aufl. 96 S. 1949 . . . . Bd. 445

Anorganische Chemie. Von W. Klemm. 7. Aufl. Mit 18 Abb. 184 S. 1952 . . . . Bd. 37

Thermochemie. Von W. A. Roth. 3. Aufl. Mit 16 Fig. 109 S. 1952 . . . . Bd. 1057

Stöchiometrische Aufgabensammlung. Mit den Ergebnissen. Von W. Bahrdt und R. Scheer. 5., verbess. Aufl. Mit 120 S. 1952 . . . . Bd. 452

Analytische Chemie. Von J. Hoppe. I.: Reaktionen. 5., verbesserte Aufl. 135 S. 1950 . . . . Bd. 247
II.: Gang der qualitativen Analyse. 5., verbesserte Aufl. 168 S. 1950 . . . . Bd. 248

Elektrochemie und ihre physikalisch-chemischen Grundlagen. Von A. Dassler. Bd. I: Mit 21 Abb. 149 S. 1950 Bd. 252
Bd. II: Mit 17 Abb. 178 S. 1950 . . . . Bd. 253

Warenkunde. Von K. Hassak und E. Beutel. 7. Auflage, neu bearbeitet von A. Kutzelnigg. Bd. I: Anorganische Waren sowie Kohle und Erdöl. Mit 19 Fig. 116 S. 1947 Bd. 222
Bd. II: Organische Waren. Mit 32 Fig. 143 S. 1949 . . Bd. 223

Die Fette und Öle. Von K. Braun. 5., vollständig neubearb. und verbess. Aufl. von Th. Klug. 145 S. 1950 . . . . Bd. 335

Die Seifenfabrikation. Von K. Braun. 3., vollständig neubearb. und verbess. Aufl. von Th. Klug. Mit 18 Abb., etwa $7^1/_2$ Bogen. 1953 . . . . Bd. 336

Naturwissenschaften / Biologie / Botanik / Zoologie Land- und Forstwirtschaft

Hormone. Von G. Koller. 2. Aufl. Mit 60 Abb. und 19 Tab. 187 S. 1949 . . . . Bd. 1141

Geschlecht und Geschlechtsbestimmung im Tier- und Pflanzenreich. Von M. Hartmann. 2. Aufl. Mit 62 Abb. 155 S. 1951 . . . . Bd. 1127

Fortpflanzung im Tier- und Pflanzenreich. Von J. Hämmerling. 2., ergänzte Aufl. Mit 101 Abb. 135 S. 1951 . . Bd. 1138

Grundriß der allgemeinen Mikrobiologie. Von W. Schwartz.
Bd. I: Mit 17 Abb. 104 S. 1949 . . . . Bd. 1155
Bd. II: Mit 12 Abb. 93 S. 1949 . . . . Bd. 1157

Symbiose der Tiere mit pflanzlichen Mikroorganismen. Von P. Buchner. 2., verbesserte und vermehrte Aufl. Mit 121 Abb. 130 S. 1949 . . . . Bd. 1128

Entwicklungsgeschichte des Pflanzenreiches. Von H. Heil. 2. Aufl. Mit 94 Abb. und 1 Tab. 138 S. 1950 . . . . Bd. 1137

Morphologie der Pflanzen. Von L. Geitler. 3. Aufl. Mit 114 Abb. 126 S. 1952 . . . . Bd. 141

Pflanzenzüchtung. Von H. Kuckuck. I: Grundzüge 3., umgearb. u. erw. Aufl. M. 22 Abb. 132 S. 1952 . . . . . . Bd. 1134

Die Laubhölzer. Von F. W. Neger und E. Münch. 3., Aufl., hrsg. von B. Huber. M. 63 Fig. u. 7 Tab. 142 S. 1950 . . Bd. 718

Die Nadelhölzer (Koniferen) und übrigen Gymnospermen. Von F. W. Neger und E. Münch. 4. Aufl., hrsg. von B. Huber. Mit 75 Fig., 4 Tab. und 3 Karten. 140 S. 1952 Bd. 355

Das Tierreich IV/3: Insekten. Von H. v. Lengerken. 128 S. mit 58 Abb. 1953. In Vorbereitung . . . . Bd. 594

Vergleichende Physiologie der Tiere. Von K. Herter.
I.: Stoff- und Energiew. 3. Aufl. Mit 64 Abb. 155 S. 1950 Bd. 972
II.: Bewegung und Reizerscheinungen. 3. Aufl. Mit 110 Abb. 148 S. 1950 . . . . Bd. 973

Landwirtschaftliche Tierzucht. Die Züchtung und Haltung der landwirtschaftlichen Nutztiere. Von H. Vogel. Mit 11 Abb. 139 S. 1952. . . . . Bd. 228

Kulturtechnische Bodenverbesserungen. Von O. Fauser.
I.: Allgemeines, Entwässerung. 4., neubearbeitete Aufl. Mit 47 Abb. 122 S. 1947. . . . . Bd. 691
II.: Bewässerung, Ödlandkultur, Umlegung. 4., neubearbeitete Aufl. Mit 67 Abb. 150 S. 1948 . . . . . Bd. 692

Geologie / Mineralogie / Kristallographie

Petrographie. Von W. Bruhns und P. Ramdohr. 3., durchgesehene Aufl. Mit 10 Fig. 117 S. 1949 . . . . Bd. 173

Kristallographie. Von W. Bruhns und P. Ramdohr. 4. Aufl. 1952. In Vorbereitung . . . . Bd. 210

Einführung in die Kristalloptik. Von E. Buchwald. 4., verb. Aufl. Mit 121 Fig. 138 S. 1952. . . . . Bd. 619

Lötrohrprobierkunde. Mineraldiagnose mit Lötrohr und Tüpfelreaktion. Von M. Henglein. 3., verbesserte Aufl. Mit 11 Fig. 91 S. 1949 . . . . Bd. 483

Ingenieurwissenschaften

Allgemeines / Maschinenbau / Hoch- und Tiefbau Elektrotechnik / Wasserbau

Technische Tabellen und Formeln. Von W. Müller. 4., überarbeitete Aufl. Von E. Schulze. Mit 105 Fig. 152 S. 1951 Bd. 579

Dynamik. Von W. Müller. I.: Dynamik des Einzelkörpers. 2., verbesserte Aufl. Mit 70 Fig. 160 S. 1952 . . . . Bd. 902
II.: Systeme von starren Körpern. 2., verbess. Aufl. Mit 41 Fig. 102 S. 1952 . . . . Bd. 903

Technische Thermodynamik. Von W. Nusselt. I.: Grundlagen. 3., verbess. Aufl. Mit 71 Abb. 144 S. 1950 . . . . Bd. 1084
II.: Theorie der Wärmekraftmaschinen. Neudruck. Mit 87 Abb. und 32 Zahlentafeln. 144 S. 1951 . . . . Bd. 1151

Festigkeitslehre. Von W. Gehler und W. Herberg. I.: Elastizität, Plastizität und Festigkeit der Baustoffe und Bauteile. Neudruck. Mit 118 Bild. 159 S. 1952 . . . . . . Bd. 1144

Technische Schwingungslehre. Von L. Zipperer. I: Allgem. Schwingungs-Gleichungen, Einfache Schwinger. Mit 101 Abb. 2., neubearb. Aufl. 120 S. 1953 . . . . Bd. 953

Metallkunde. Von H. Borchers. I.: Aufbau der Metalle und Legierungen. Mit 2 Tab. und 90 Abb. 2. Aufl. 110 S. 1950 Bd. 432

II.: Eigenschaften, Grundzüge der Form und Zustandsgebung. 2. Aufl. Mit 8 Tab., 100 Abb. 154 S. 1952 . . Bd. 433

Getriebelehre. Von P. Grodzinski und H. Polster. I.: Geometrische Grundlagen. 2. Aufl. Mit 127 Fig. 1952 . . Bd. 1061

Die Maschinenelemente. Von E. vom Ende. 2., verbesserte Aufl. Mit 173 Fig. und 12 Taf. 159 S. 1950 . . . . . Bd. 3

Das Maschinenzeichnen mit Einführung in das Konstruieren. Von W. Tochtermann. I.: Das Maschinenzeichnen. 4. Aufl. Mit 77 Taf. 156 S. 1950 . . . . Bd. 589

II.: Ausgef. Konstruktionsbeisp. 4. A. M. 58 T. 130 S. 1950 Bd. 590

Die Dampfkessel und Feuerungen einschließlich Hilfseinrichtungen V. W. Marcard. 2. Aufl., neubearb. v. K. Beck. I.: Die theoretischen Grundlagen. Wärme, Verbrennung, Wärmeübertragung. Mit 42 Abb. u. 16 Tab. 150 S. 1951 Bd. 9

II : Dampfkessel. Mit 53 Abb. 147 S. 1952 . . . . . Bd. 521

Gießereitechnik. Von H. Jungbluth. I. Teil: Eisengießerei. Mit 44 Abb. 126 S. 1951 . . . . Bd. 1159

Autogenes Schweißen und Schneiden. Von H. Niese. 5. Aufl. von A. Küchler. Mit 71 Fig. 136 S. 1952. In Vorbereitung Bd. 499

Die wichtigsten Baustoffe des Hoch- und Tiefbaues. Von O. Graf. 3., verbesserte Aufl. Mit 58 Abb. 136 S. 1947. Bd. 984

Grundlagen des Stahlbetonbaues. V. A. Troche. 2., erw. A. M. 75 A., 17 Bemessungst. u. 26 Rechenbeisp. 206 S. 1953 Bd. 1078

Fenster, Türen, Tore aus Holz und Eisen. Von W. Wickop. 3., überarb. und ergänzte Aufl. Mit 96 Abb. 154 S. 1949 Bd. 1092

Heizung und Lüftung. Von J. und W. Körting. I.: Das Wesen u. die Berechn. der Heizungs- u. Lüftungsanlagen. 8. Aufl. Mit 29 Abb. und 18 Zahlentafeln. 140 S. 1951 Bd. 342

II.: Die Ausführung der Heizungs- u. Lüftungsanlagen. 8. Aufl. 1952. In Vorbereitung . . . . Bd. 343

Die Gleichstrommaschine. Von K. Humburg. I.: Durchgesehener Neudruck. Mit 59 Abb. 102 S. 1949 . . . . Bd. 257

II.: Durchgesehener Neudruck. Mit 38 Abb. 98 S. 1949 Bd. 881

Die synchrone Maschine. Von K. Humburg. Neudruck. Mit 78 Bildern. 109 S. 1951 . . . . Bd. 1146

Transformatoren. Von W. Schäfer. 2. Aufl. Mit 74 Abb. 128 S. 1949 . . . . Bd. 952

Die komplexe Berechnung von Wechselstromschaltungen. Von H. H. Meinke. Mit 114 Abb. 160 S. 1949 . . . . Bd. 1156

Theoretische Grundlagen zur Berechnung der Schaltgeräte. Von F. Kesselring. 3. Aufl. Mit 92 Abb. 144 S. 1950 . Bd. 711

Elektromotorische Antriebe. (Grundlagen für die Berechn.) Von A. Schwaiger. 3. Aufl. Mit 34 Abb. 95 S. 1952 . . . Bd. 827

Überspannungen und Überspannungsschutz. Von G. Frühauf. Durchges. Neudruck. Mit 98 Abb. 122 S. 1950 . . Bd. 1132

Talsperren. Von F. Tölke. Mit 70 Abb. 122 S. 1953 . . Bd. 1044

Verkehrswasserbau. Von H. Dehnert. I.: Entwurfsgrundlagen, Flußregelungen. Mit 52 Textabb. 103 S. 1950 . Bd. 585

II.: Flußkanalisierungen und Schiffahrtskanäle. Mit 60 Textabb. 94 S. 1950 . . . . Bd. 597

III.: Schleusen und Hebewerke. Mit 70 Textabb. 98 S. 1950 . . . . Bd. 1152

Wehr- und Stauanlagen. Von H. Dehnert. Mit 90 Abb. 134 S. 1952 . . . . Bd. 965

Geisteswissenschaften

Philosophie / Psychologie

Einführung in die Philosophie. Von H. Leisegang. 145 S. 1951 Bd. 281
Hauptprobleme der Philosophie. Von G. Simmel. 7., unveränderte Auflage. 177 S. 1950 . . . . Bd. 500
Erkenntnistheorie. I.: Allgemeine Grundlegung. Von G. Kropp. 143 S. 1950 . . . . Bd. 807
Geschichte der Philosophie I. Die griechische Philosophie. I. Teil: Von Thales bis Leukippos. Von W. Capelle. 2. Aufl. 132 S. 1952 . . . . Bd. 857
Geschichte der Philosophie VII. Die Philosophie des 19. Jahrh. I. Teil: Von G. Lehmann. Etwa 144 S. 1952. In Vorb. Bd. 571
Die geistige Situation der Zeit (1931). Von K. Jaspers. 2., unveränderter Abdruck der im Sommer 1932 bearbeiteten 5. Aufl. 232 S. 1949. Neudruck in Vorbereitung . Bd. 1000
Philosophisches Wörterbuch. Von M. Apel. 3., neubearb. Aufl. 260 S. 1950 . . . . Bd. 1031
Therapeutische Psychologie (Freud, Adler, Jung). Von W. M. Kranefeldt. 2. Aufl. 152 S. 1950 . . . . Bd. 1034

Religionswissenschaften

Jesus. Von M. Dibelius. 2. Aufl. Neudruck. 141 S. 1949 Bd. 1130
Paulus. Von M. Dibelius. Herausgegeben und zu Ende geführt von W. G. Kümmel. 155 S. 1951 . . . . . . Bd. 1160

Musik / Kunst

Musikästhetik. Von H. J. Moser. Etwa 144 S. 1952 In Vorb. Bd. 344
Systematische Modulation. Von R. Hernried. 2. Aufl. 136S. 1950 . . . . Bd. 1094
Der polyphone Satz. I. Der cantus-firmus-Satz. Von E. Pepping. 2. Aufl. 223 S. 1950 . . . . Bd. 1148
Die Musik des 19. Jahrhunderts. Von W. Oehlmann. 180 S. 1952. In Vorbereitung . . . . Bd. 170
Stilkunde. I. Vorzeit, Antike, Mittelalter. Von H. Weigert. 2. Aufl. Mit 94 Abb. 136 S. 1952. In Vorbereitung . . Bd. 80
II. Spätmittelalter und Neuzeit. 2. Aufl. Mit 84 Abb. 147 S. 1952. In Vorbereitung . . . . Bd. 781

Geschichte

Allgemeines / Vor- und Frühgeschichte / Altertum, Mittelalter und Neuzeit / Kulturgeschichte

Einführung in die Geschichtswissenschaft. Von P. Kirn. 2. Aufl. 121 S. 1952 . . . . Bd. 270
Kultur der Urzeit. Bd. I: Die vormetallischen Kulturen. (Die Steinzeiten Europas. Gleichartige Kulturen in anderen Erdteilen.) Von F. Behn. 4. Aufl. Mit 48 Abb. 172 S. 1950 . . . . Bd. 564

Bd. II: Die älteren Metallkulturen. (Der Beginn der Metallbenutzung. Kupfer- und Bronzezeit in Europa, im Orient und Amerika.) 4. Aufl. Mit 67 Abb. 160 S. 1950 Bd. 565
Bd. III: Die jüngeren Metallkulturen. (Das Eisen als Kulturmetall. Hallstatt- und Latène-Kultur in Europa. Das erste Auftreten des Eisens in den anderen Weltteilen.) 4. Aufl. Mit 60 Abb. 149 S. 1950 . . . . . . Bd. 566

Vorgeschichte Europas. Von F. Behn. 7. Aufl. Mit 47 Abb. 125 S. 1949 . . . . Bd. 42

Archäologie. Von A. Rumpf. I. 136 S. 1952 . . . . . Bd. 538

Zeitrechnung der römischen Kaiserzeit, des Mittelalters und der Neuzeit. Für die Jahre 1 – 2000 n. Chr. Von H. Lietzmann. 2. Aufl. V. A. Hofmeister. 126 S. 1952. In Vorb. Bd. 1085

Quellenkunde der deutschen Geschichte im Mittelalter. (Bis zur Mitte des 15. Jh.) I. Einl. Allgem. Teil. Die Zeit der Karolinger. Von K. Jacob. 5. Aufl. 118 S. 1949 . . . Bd. 279
II. Die Kaiserzeit (911 – 1250). 4. Aufl. 127 S. 1949 . Bd. 280
III. Das Spätmittelalter (v. Interregnum bis 1500). Unt. Verw. d. Nachl. v. K. Jacob. Hsg. v. F. Weden. 152 S. 1952 Bd. 284

Von den Karolingern zu den Staufern. Die altdeutsche Kaiserzeit (900 – 1250). Von J. Haller. 3. Aufl. Mit 4 Karten. 141 S. 1944 . . . . Bd. 1065

Deutsche Geschichte im ZA. der Reformation, der Gegenreform. u. d. 30jähr. Krieges. Von F. Hartung. 129S. 1951 Bd. 1105

Geschichte Englands. Teil I: bis 1815. Von H. Preller. 3., stark umgearbeitete Aufl. Mit 2 Karten. 135 S. 1952 Bd. 375

Sprach- und Literaturwissenschaft

Indogermanisch / Germanisch

Gotisches Elementarbuch. Grammatik, Texte mit Übers. und Erl. Von H. Hempel. 2. umg. Aufl. 165 S. 1953 Bd. 72

Indogermanische Sprachwissenschaft. Von H. Krahe. 2. Auflage. 134 S. 1948 . . . . Bd. 59

Germanische Sprachwissenschaft. Bd. I: Einleitung und Lautlehre. Von H. Krahe. 2. Aufl. 127 S. 1948 . . . Bd. 238
Bd. II: Formenlehre. 2. Aufl. 140 S. 1948 . . . . . . Bd. 780

Altnordisches Elementarbuch. Schrifttum, Sprache, Texte m. Übers. u. Wörterb. V. F. Ranke. 2. Aufl. 146 S. 1949 Bd. 1115

Deutsche Sprache und Literatur

Deutsche Wortkunde. Eine kulturgeschichtliche Betrachtung des deutschen Wortschatzes. Von A. Schirmer. 3. Aufl. 109 S. 1949 . . . . Bd. 929

Deutsches Dichten und Denken von der germanischen bis zur staufischen Zeit. (Deutsche Literaturgeschichte vom 5. bis 13. Jahrh.) Von H. Naumann. 2., verbess. Aufl. 166 S. 1952 . . . . Bd. 1121

Deutsche Sprachlehre. Von W. Hofstaetter. 9., neubearb. Aufl. von G. Spree. 144 S. 1952 . . . . Bd. 20

Sprechen und Sprachpflege. Von H. Feist. 2. Aufl. Mit 25 Abb. 99 S. 1952 . . . . Bd. 1122

Der Nibelunge Not. In Auswahl mit kurzem Wörterbuch. Von K. Langosch. 9., umgearbeitete Aufl. 163 S. 1952 Bd. 1

Deutsches Dichten und Denken vom Mittelalter zur Neuzeit. (1270–1700.) Von G. Müller. 2. Aufl. 159 S. 1949 . . Bd. 1086

Deutsches Dichten und Denken von der Aufklärung bis zum Realismus. (1700–1890.) Von K. Viëtor. 2. Aufl. 156 S. 1949 . . . . Bd. 1096

Englische Sprache / Romanische Sprache und Literatur

Altenglisches Elementarbuch. Einführung, Grammatik. Texte mit Übersetzung und Wörterbuch. Von M. Lehnert. 2., verbesserte und vermehrte Aufl. 176 S. 1950 Bd. 1125

Beowulf. Eine Auswahl mit Einführung, teilweiser Übersetzung, Anmerkungen und etymologischem Wörterbuch. Von M. Lehnert. 2., verbesserte Aufl. 135 S. 1949. . Bd. 1135

Italienische Literaturgeschichte. Von K. Voßler. Unveränderter Nachdruck der 1927 erschienenen 4., durchgesehenen und verbesserten Aufl. 148 S. 1948 . . . Bd. 125

Griechisch / Lateinisch

Griechische Sprachwissenschaft. Von W. Brandenstein. In Vorbereitung . . . . Bd. 117

Geschichte der griechischen Sprache. I. Bis z. Ausg. der klass. Zeit. Von O. Hoffmann. 3., stark umg. Aufl. von A. Debrunner. 144 S. 1953. Im Druck . . . . Bd. 111

Geschichte der griechischen Literatur. I. Von den Anf. bis auf Alexander d. Gr. Von W. Nestle. 2., verb. Aufl. Neudruck. 148 S. 1950 . . . . Bd. 70

II. Von Alexander d. Gr. b. z. Ausg. d. Antike. 2., verb. Aufl. 128 S. 1945 . . . . Bd. 557

Geschichte der lateinischen Sprache. Von F. Stolz. 3., stark umgearbeitete Aufl. von A. Debrunner. 136 S. 1952 . Bd. 492

Orientalia / Russisch

Sanskrit-Grammatik. Von M. Mayrhofer. 89 S. 1952 . . Bd. 1158

Hebräische Grammatik. I. Band: Schrift-, Laut- und Formenlehre I. Von G. Beer. 2., völlig umgearb. Aufl. von R. Meyer. 157 S. 1952. . . . . Bd. 763/63a

Russische Grammatik. Von E. Berneker und M. Vasmer. 6., unveränderte Aufl. 155 S. 1947 . . . . Bd. 66

Erd- und Länderkunde

Kartenkunde. Von M. Eckert-Greiffendorff. Durchgesehen von W. Kleffner. 3. Aufl. Mit 63 Abb. 149 S. 1950 . . Bd. 30

Australien und Ozeanien. Von H.-J. Krug. Mit 46 Skizzen. 176 S. 1952. . . . . Bd. 319

Wirtschaftswissenschaften / Gesellschaftskunde

Allgemeine Betriebswirtschaftslehre. Von K. Mellerowicz. 3 Bde. I: 142 S., II: 112 S., III: 141 S. 7. Aufl. 1952 Bd. 1008 1153, 1154

Soziologie. Geschichte und Hauptprobleme. Von L. v. Wiese. 4. Aufl. 151 S. 1950 . . . . Bd. 101

 162/52

Kolibri 360 GmbH
Ferdinand-Jühlke-Straße 7
99095 Erfurt, Deutschland
produktsicherheit@kolibri360.de